松燁文化

曹永忠、許智誠、蔡英德 著

工業基本控制程式設計(網路轉串列埠篇)

An Introduction to Modbus TCP to RS485
Gateway to Control the Relay Device based on
Internet of Thing (Industry 4.0 Series)

自序

工業 4.0 系列的書是我出版至今六年多,第三本進入工業控制領域的電子書,當初出版電子書是希望能夠在教育界開一些 Maker 自造者相關的課程,沒想到一寫就已過六年多,繁簡體加起來的出版數也已也破百本的量,這些書都是我學習當一個 Maker 累積下來的成果。

這本書可以說是我開始將產業技術揭露給學子一個開始點,其實筆者從大學畢業後投入研發、系統開發的職涯,工作上就有涉略工業控制領域,只是並非專注在工業控制領域,但是工業控制一直是一個非常實際、又很 Fancy 的一個研發園地,因為這個領域所需要的專業知識是多方面且跨領域,不但軟體需要精通,硬體也是需要有相當的專業能力,還需要熟悉許多工業上的標準與規範,這樣的複雜,讓工業控制領域的人才非常專業分工,而且許多人數十年的專業都專精於固定的專門領域,這樣的現象,讓整個工業控制在數十年間發展的非常快速,而且深入的技術都建立在許多先進努力基礎上,這更是工業控制的強大魅力所在。

筆著鑒於這樣的困境,思考著『如何讓更多領域的學習者進入工業控制的園地』的思維,便拋磚引玉起個頭,開始野人獻曝攪寫工業 4.0 系列的書,主要的目的不是與工業控制的先進們較勁,而是身為教育的園丁,希望藉著筆者小小努力,任更多有心的新血可以加入工業 4.0 的時代。

本系列的書籍,鑑於筆者有限的知識,一步一步慢慢將我的一些思維與經驗,透過現有產品的使用範例,結合筆者物聯網的經驗與思維,再透過簡單易學的 Arduino 單晶片/Ameba 8195 AM 等相關開發版與 C 語言,透過一些簡單的例子,進而揭露工業控制一些簡單的思維、開發技巧與實作技術。如此一來,學子們有機會進入『工業控制』,在未來『工業 4.0』時代來臨,學子們有機會一同與新時代並進,進而更踏實的進行學習。

　　最後，請大家能一同分享『工業控制』、『物聯網』、『系統開發』等獨有的經驗，一起創造世界。

曹永忠　於貓咪樂園

自序

　　記得自己在大學資訊工程系修習電子電路實驗的時候，自己對於設計與製作電路板是一點興趣也沒有，然後又沒有天分，所以那是苦不堪言的一堂課，還好當年有我同組的好同學，努力的照顧我，命令我做這做那，我不會的他就自己做，如此讓我解決了資訊工程學系課程中，我最不擅長的課。

　　當時資訊工程學系對於設計電子電路課程，大多數都是專攻軟體的學生去修習時，系上的用意應該是要大家軟硬兼修，尤其是在台灣這個大部分是硬體為主的產業環境，但是對於一個軟體設計，但是缺乏硬體專業訓練，或是對於眾多機械機構與機電整合原理不太有概念的人，在理解現代的許多機電整合設計時，學習上都會有很多的困擾與障礙，因為專精於軟體設計的人，不一定能很容易就懂機電控制設計與機電整合。懂得機電控制的人，也不一定知道軟體該如何運作，不同的機電控制或是軟體開發常常都會有不同的解決方法。

　　除非您很有各方面的天賦，或是在學校巧遇名師教導，否則通常不太容易能在機電控制與機電整合這方面自我學習，進而成為專業人員。

　　而自從有了 Arduino 這個平台後，上述的困擾就大部分迎刃而解了，因為Arduino 這個平台讓你可以以不變應萬變，用一致性的平台，來做很多機電控制、機電整合學習，進而將軟體開發整合到機構設計之中，在這個機械、電子、電機、資訊、工程等整合領域，不失為一個很大的福音，尤其在創意掛帥的年代，能夠自己創新想法，從 Original Idea 到產品開發與整合能夠自己獨立完整設計出來，自己就能夠更容易完全了解與掌握核心技術與產業技術，整個開發過程必定可以提供思維上與實務上更多的收穫。

　　Arduino 平台引進台灣自今，雖然越來越多的書籍出版，但是從設計、開發、製作出一個完整產品並解析產品設計思維，這樣產品開發的書籍仍然鮮見，尤其是能夠從頭到尾，利用範例與理論解釋並重，完完整整的解說如何用 Arduino 設計出一個完整產品，介紹開發過程中，機電控制與軟體整合相關技術與範例，如此的書籍更是付之闕如。永忠、英德兄與敝人計畫撰寫 Maker 系列，就是基於這樣對市場需要的觀察，開發出這樣的書籍。

　　作者出版了許多的 Arduino 系列的書籍，深深覺的，基礎乃是最根本的實力，所以回到最基礎的地方，希望透過最基本的程式設計教學，來提供眾多的 Makers 在入門 Arduino 時，如何開始，如何攥寫自己的程式，進而介紹不同的週邊模組，主要的目的是希望學子可以學到如何使用這些週邊模組來設計程式，期望在未來產品開發時，可以更得心應手的使用這些週邊模組與感測器，更快將自己的想法實現，希望讀者可以了解與學習到作者寫書的初衷。

　　　　　　　　　　　　　許智誠　　於中壢雙連坡中央大學 管理學院

自序

隨著資通技術(ICT)的進步與普及，取得資料不僅方便快速，傳播資訊的管道也多樣化與便利。然而，在網路搜尋到的資料卻越來越巨量，如何將在眾多的資料之中篩選出正確的資訊，進而萃取出您要的知識？如何獲得同時具廣度與深度的知識？如何一次就獲得最正確的知識？相信這些都是大家共同思考的問題。

為了解決這些困惱大家的問題，永忠、智誠兄與敝人計畫製作一系列「Maker系列」書籍來傳遞兼具廣度與深度的軟體開發知識，希望讀者能利用這些書籍迅速掌握正確知識。首先規劃「以一個 Maker 的觀點，找尋所有可用資源並整合相關技術，透過創意與逆向工程的技法進行設計與開發」的系列書籍，運用現有的產品或零件，透過駭入產品的逆向工程的手法，拆解後並重製其控制核心，並使用 Arduino相關技術進行產品設計與開發等過程，讓電子、機械、電機、控制、軟體、工程進行跨領域的整合。

近年來 Arduino 異軍突起，在許多大學，甚至高中職、國中，甚至許多出社會的工程達人，都以 Arduino 為單晶片控制裝置，整合許多感測器、馬達、動力機構、手機、平板...等，開發出許多具創意的互動產品與數位藝術。由於 Arduino 的簡單、易用、價格合理、資源眾多，許多大專院校及社團都推出相關課程與研習機會來學習與推廣。

以往介紹 ICT 技術的書籍大部份以理論開始、為了深化開發與專業技術，往往忘記這些產品產品開發背後所需要的背景、動機、需求、環境因素等，讓讀者在學習之間，不容易了解當初開發這些產品的原始創意與想法，基於這樣的原因，一般人學起來特別感到吃力與迷惘。

本書為了讀者能夠深入了解產品開發的背景，本系列整合 Maker 自造者的觀念與創意發想，深入產品技術核心，進而開發產品，只要讀者跟著本書一步一步研習與實作，在完成之際，回頭思考，就很容易了解開發產品的整體思維。透過這樣的思路，讀者就可以輕易地轉移學習經驗至其他相關的產品實作上。

所以本書是能夠自修的書，讀完後不僅能依據書本的實作說明準備材料來製作，盡情享受 DIY(Do It Yourself)的樂趣，還能了解其原理並推展至其他應用。有興趣的讀者可再利用書後的參考文獻繼續研讀相關資料。

　　本書的發行有新的創舉，就是以電子書型式發行，在國家圖書館(http://www.ncl.edu.tw/)、台灣雲端圖庫(http://www.ebookservice.tw/)等都可以免費借閱與閱讀，如要購買的讀者也可以到許多電子書網路商城、Google Books 與 Google Play 都可以購買之後下載與閱讀。希望讀者能珍惜機會閱讀及學習，繼續將知識與資訊傳播出去，讓有興趣的眾人都受益。希望這個拋磚引玉的舉動能讓更多人響應與跟進，一起共襄盛舉。

　　本書可能還有不盡完美之處，非常歡迎您的指教與建議。近期還將推出其他 Arduino 相關應用與實作的書籍，敬請期待。

　　最後，請您立刻行動翻書閱讀。

蔡英德　於台中沙鹿靜宜大學主顧樓

目 錄

自序.. ii

自序.. iv

自序.. vi

目 錄... viii

工業 4.0 系列... - 1 -

開發版介紹.. - 3 -

Modbus RTU 繼電器模組.. - 6 -

　　四組繼電器模組... - 6 -

　　Modbus RTU 繼電器模組電路控制端.. - 10 -

　　電磁繼電器的工作原理和特性.. - 11 -

　　繼電器運作線路... - 13 -

　　完成 Modbus RTU 繼電器模組電力供應.. - 14 -

　　完成 Modbus RTU 繼電器模組之對外通訊端.. - 16 -

　　章節小結... - 18 -

以太網路通訊控制.. - 20 -

　　簡單 Web Server.. - 23 -

　　建立電路組立... - 29 -

　　透過命令控制 Modbus RTU 繼電器模組.. - 31 -

　　控制命令解釋... - 33 -

　　使用 TCP/IP 建立網站控制繼電器.. - 36 -

　　實體展示... - 53 -

　　章節小結... - 53 -

WIFI 無線網路通訊介紹.. - 56 -

　　掃描ＭＡＣ位址... - 58 -

　　掃描熱點... - 61 -

　　掃描熱點進階資訊... - 66 -

掃描開發版韌體版本 .... - 72 -

更新韌體 .... - 75 -

Ping 主機 .... - 86 -

連接熱點(無密碼) .... - 91 -

連接熱點(WPA) .... - 95 -

連接熱點(WEP) .... - 99 -

建立簡單熱點專用之網頁伺服器 .... - 103 -

連接熱點建立簡單網頁伺服器 .... - 110 -

連接熱點建立網頁伺服器 .... - 116 -

連上網頁 .... - 122 -

使用 SSL 連上網頁 .... - 126 -

使用 UDP 取得網路時間 .... - 130 -

章節小結 .... - 136 -

RS-485 轉 TCP/IP 閘道器介紹 .... - 138 -

網路串口透傳模組（INNO-S2ETH-1） .... - 139 -

配置及工作模式說明 .... - 139 -

TCP CLIENT 模式 .... - 139 -

TCP SERVER 模式 .... - 140 -

UDP CLIENT 模式 .... - 140 -

UDP SERVER 模式 .... - 140 -

網路串口透傳模組（INNO-S2ETH-1）機器設定 .... - 144 -

　　啟動設定軟體 .... - 147 -

下載轉換端通訊軟體 .... - 157 -

下載 TCP/IP 通訊軟體 .... - 164 -

開啟 RS-485/RS-232 通訊端通訊軟體 .... - 171 -

章節小結 .... - 179 -

使用網站控制 RS-485 閘道器 .... - 181 -

    系統架構 .... - 183 -

    使用 TCP/I 控制繼電器 .... - 186 -

    使用 TCP/IP 建立網站控制繼電器 .... - 197 -

    章節小結 .... - 210 -

    本書總結 .... - 212 -

作者介紹 .... - 213 -

參考文獻 .... - 214 -

工業 4.0 系列

　　本書是『工業 4.0 系列』的第三本書，書名為『工業基本控制程式設計(網路轉串列埠篇)』，主要是運用網路通訊 TCP/IP 與網路串口透傳模組（INNO-S2ETH-1）通訊，進而使用 RS485 與 Modbus RTU 的通訊協定來連線 Modbus RTU 繼電器模組後，控制電器產品，整合的第三本書，是筆者針對智慧家庭為主軸，進行開發各種智慧家庭產品之小小書系列，主要是給讀者熟悉使用 Arduino 來開發物聯網之各樣產品之原型(ProtoTyping)，進而介紹這些產品衍伸出來的技術、程式攥寫技巧，以漸進式的方法介紹、使用方式、電路連接範例等等。

　　Arduino 開發板最強大的不只是它的簡單易學的開發工具，最強大的是它網路功能與簡單易學的模組函式庫，幾乎 Maker 想到應用於物聯網開發的東西，可以透過眾多的周邊模組，都可以輕易的將想要完成的東西用堆積木的方式快速建立，而且價格比原廠 Arduino Yun 或 Arduino + Wifi Shield 更具優勢，最強大的是這些周邊模組對應的函式庫，瑞昱科技有專職的研發人員不斷的支持，讓 Maker 不需要具有深厚的電子、電機與電路能力，就可以輕易駕御這些模組。

　　所以本書要介紹台灣、中國、歐美等市面上最常見的智慧家庭產品，使用逆向工程的技巧，推敲出這些產品開發的可行性技巧，並以實作方式重作這些產品，讓讀者可以輕鬆學會這些產品開發的可行性技巧，進而提升各位 Maker 的實力，希望筆者可以推出更多的入門書籍給更多想要進入『Arduino 』、『物聯網』、『工業 4.0』這個未來大趨勢，所有才有這個物聯網系列的產生。

CHAPTER

開發版介紹

　　Pieceduino 開發板是台灣自造者達人在Indiegogo集資網站上集資的一件台灣新創的產品，其集資網址：https://www.indiegogo.com/projects/pieceduino-easy-small-module-arduino-compatible#/，有興趣的讀者可以光臨該網址，雖然該產品沒有達到集資目標，但是這些自造者達仍承諾將這樣好的產品生產上市(如下圖所示)，我們可以看到該產品的網址是：http://www.pieceduino.com/，本文使用這個產品想法非常簡單，第一是該產品是台灣製造，第二是產品體積非常小，第三是產品本身完全相容於 Arduino 開發板系列，該產品是採用 ATmega32u4 微處理機，完全相容於 Leonardo 開發板，第四是使用 ESP8266 WiFi Module，所以 WIFI 功能可以說是價廉物美。

圖 1　Pieceduino 開發板

　　如下圖所示，我們可以看到 Pieceduino 開發板所提供的接腳圖，本文是使用 Pieceduino 開發板，連接 WS2812B RGB Led 模組，如下表所示，我們將 VCC、GND 接到開發板的電源端，而將 WS2812B RGB Led 模組控制腳位接到 Pieceduino 開發板數位腳位八(Digital Pin 8)，　就可以完成電路組立。

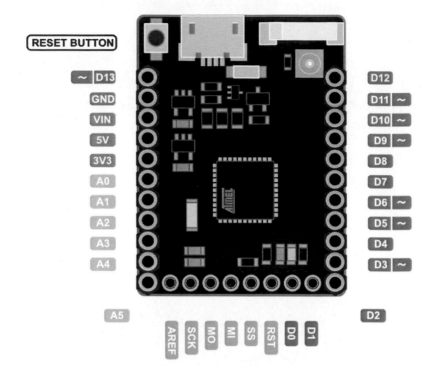

圖 2 Pieceduino 開發板接腳圖

CHAPTER

Modbus RTU 繼電器模組

本章我們使用目前當紅的 Ameba RTL 8195 開發板，結合 RS485 通訊模組，使用工業上 RS232/RS422/RS485/MODBUS RTU 等工業通訊方式，連接產業界常用的裝置或機器，進行通訊，進而控制這些裝置進行動作。

產業界最常見的裝置如 Modbus RTU 繼電器模組，因為產業界用來控制電氣電路的地方很多，然而這些控制電氣電路都是電壓(100V~250V，甚至更高電壓)，所以不太可能直接使用開發板驅動電路來控制電氣電路，而這些電器電路大多數是控制電力的供應與否，所以常用到繼電器模組來控制電力開啟與關閉，而 RS485 通訊是產業界常用的通訊協定，其中以 Modbus RTU 更是架構在 RS485 通訊上的企業級通訊，所以筆者使用 Modbus RTU 繼電器模組

四組繼電器模組

在工業上應用，控制電力供應與否是整個工廠上非常普遍且基礎的應用，然而工業上的電力基本上都是 110V、220V 等，甚至還有更高的伏特數，電流已都以數安培到數十安培，對於這樣高電壓與高電流，許多以微處理機為主的開發板，不要說能夠控制它，這樣的電壓與電流，連碰它一下就馬上燒毀，所以工業上經常使用繼電器模組來控制電路，然而這些控制，也常常與 PLC、工業電腦等通訊，接受這些工控電腦允許後，方能給予電力，所以具備通訊功能的繼電器模組為應用上的主流。如下圖所示，我們使用 Modbus RTU 繼電器模組 (曹永忠，2017)，這個模組是濟南因諾科技(網址: https://smart-control.world.taobao.com/?spm=a312a.7700824.0.0.54f17147QC34S8)生產的產品(網址: https://item.taobao.com/item.htm?spm=a312a.7700824.w4002-1053557900.28.4ac917c6IhI-JFP&id=43628327826)，其規格如下：

- 供電電壓預設 9-24VDC。

- 4 路繼電器接點相互獨立，每路繼電器接點容量為
  250VAC/10A,30VDC/10A，並以光耦元件進行電氣隔離。

- 使用 RS.485 串列埠雙線控制，通訊距離實測大於 1000 米以上。

- 支持工業上 Modbus RTU 和自定義協議，預設為 Modbus RTU 協議。

- 內建 8 位撥碼開關(Dip 8 Switch)，可支援 256 個地址切換控制。

- 採用工業級單晶片處理機，可穩定長時間使用。

- 通訊速度：9600bps。

- 尺寸：115*90*40mm（長*寬*高）

圖 3 Modbus RTU 繼電器模組

如果讀者要同時使用多組 Modbus RTU 繼電器模組，請參考下圖所示之多組串聯圖來進行多組組立，目前雖然 RS 485 可以支援 253 組位址，但是實際上因為電力供應與訊號等限制，實際上限制在 32 組裝置。

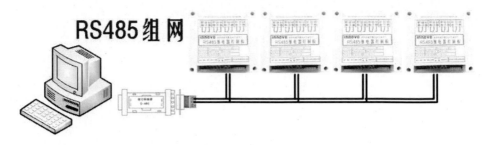

圖 4 多組使用 Modbus RTU 繼電器模組

　　如果讀者要同時使用多組 Modbus RTU 繼電器模組，請將每一組 Modbus RTU 繼電器模組，參考下圖.(b) 通訊位址設定之 DIP SWITCH 圖，將每一組位址設定不同，否則通訊無法正常使用。

　　此外參考下圖.(a) 電路接腳圖，來安裝 RS 485 的通訊線，與 Modbus RTU 繼電器模組的電源供應線，請注意正負電源線不可以接反，否則會有燒毀的可能性，此外電壓也必須在 9-24VDC 之間，太高也會有燒毀的可能性，太低則不會運作。

(a).電路接腳圖

(b).通訊位址設定之 DIP SWITCH 圖

(c).上視圖

(d).側視圖

圖 5 Modbus RTU 繼電器模組電路與位址設定圖

Modbus RTU 繼電器模組電路控制端

如下圖所示，我們看 Modbus RTU 繼電器模組之繼電器一端，由下圖可知，共有四組繼電器。

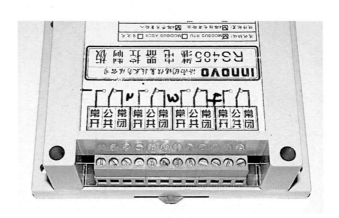

圖 6 Modbus RTU 繼電器模組之電力控制端(繼電器)

如下圖所示，筆者將上圖轉為下圖，可以知道每一組繼電器可以使用的腳位，每一個繼電器有三個腳位，中間稱為共用端(Com)，右邊為常閉端(NC)，就是如果沒有任何電力供應，或繼電器之電磁鐵未通電，則共用端(Com)與常閉端(NC)為一直為通路(可導電)；左邊為常開端(NO)，就是將電力供應到繼電器之後，其電磁鐵因通電而吸合，則共用端(Com)與常開端(NO)為可通路狀態(可導電)，這是由於我們使用控制電路將其電磁鐵因通電而吸合，導致可以形成通路，常用這個通路為控制電器開啟之開關。

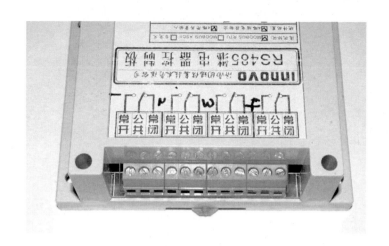

圖 7 Modbus RTU 繼電器模組之四組繼電器

電磁繼電器的工作原理和特性

電磁式繼電器一般由鐵芯、線圈、銜鐵、觸點簧片等組成的。如下圖.(a)所示，只要在線圈兩端加上一定的電壓，線圈中就會流過一定的電流，從而產生電磁效應，銜鐵就會在電磁力吸引的作用下克服返回彈簧的拉力吸向鐵芯，從而帶動銜鐵的動觸點與靜觸點（常開觸點）吸合(下圖.(b)所示)。當線圈斷電後，電磁的吸力也隨之消失，銜鐵就會在彈簧的反作用力下返回原來的位置，使動觸點與原來的靜觸點（常閉觸點）吸合(如下圖.(a)所示)。這樣吸合、釋放，從而達到了在電路中的導通、切斷的目的。對於繼電器的「常開、常閉」觸點，可以這樣來區分：繼電器線圈未通電時處於斷開狀態的靜觸點，稱為「常開觸點」(如下圖.(a)所示)。；處於接通狀態的靜觸點稱為「常閉觸點」(如下圖.(a)所示)(曹永忠, 2017; 曹永忠, 許智誠, & 蔡英德, 2014a, 2014b, 2014c, 2014d)。

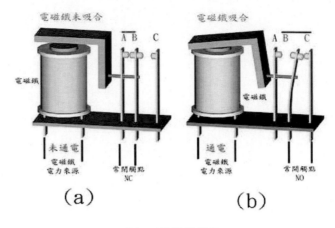

電磁鐵未吸合　　　　　　　　　電磁鐵吸合

(a)　　　　　　　　　　　　(b)

圖 8 電磁鐵動作

資料來源：(維基百科-繼電器, 2013)

　　由上圖電磁鐵動作之中，可以了解到，繼電器中的電磁鐵因為電力的輸入，產生電磁力，而將可動電樞吸引，而可動電樞在 NC 接典與ＮＯ接點兩邊擇一閉合。由下圖.(a)所示，因電磁線圈沒有通電，所以沒有產生磁力，所以沒有將可動電樞吸引，維持在原來狀態，就是共接典與常閉觸點(NC)接觸；當繼電器通電時，由下圖.(b)所示，因電磁線圈通電之後，產生磁力，所以將可動電樞吸引，往下移動，使共接典與常開觸點(ＮＯ)接觸，產生導通的情形。

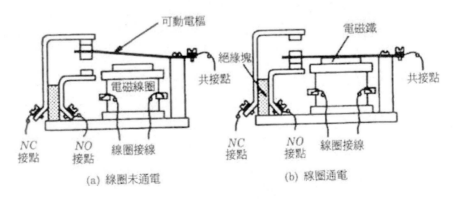

(a) 線圈未通電　　　　　　　(b) 線圈通電

圖 9 繼電器運作原理

繼電器中常見的符號：

- COM（Common）表示共接點。

- NO（Normally Open）表示常開接點。平常處於開路，線圈通電後才與共接點 COM 接通（閉路）。

- NC（Normally Close）表示常閉接點。平常處於閉路（與共接點 COM 接通），線圈通電後才成為開路（斷路）。

繼電器運作線路

那繼電器如何應用到一般電器的開關電路上呢，如下圖所示，在繼電器電磁線圈的 DC 輸入端，輸入 DC 5V~24V(正確電壓請查該繼電器的資料手冊(DataSheet)得知)，當下圖左端 DC 輸入端之開關未打開時，下圖右端的常閉觸點與 AC 電流串接，與燈泡形成一個迴路，由於下圖右端的常閉觸點因下圖左端 DC 輸入端之開關未打開，電磁線圈未導通，所以下圖右端的 AC 電流與燈泡的迴路無法導通電源，所以燈泡不會亮。

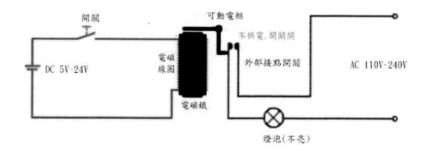

圖 10 繼電器未驅動時燈泡不亮

資料來源：(維基百科-繼電器, 2013)

如下圖所示，在繼電器電磁線圈的 DC 輸入端，輸入 DC 5V~24V(正確電壓請查該繼電器的資料手冊(DataSheet)得知)，當下圖左端 DC 輸入端之開關打開時，下圖右端的常閉觸點與 AC 電流串接，與燈泡形成一個迴路，由於下圖右端的常閉觸點因下圖左端 DC 輸入端之開關已打開，電磁線圈導通產生磁力，吸引可動電樞，使下圖右端的 AC 電流與燈泡的迴路導通，所以燈泡因有 AC 電流流入，所以燈泡就亮起來了。

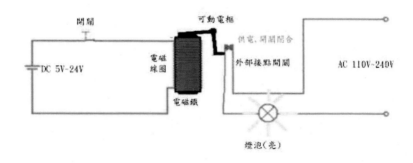

圖 11 繼電器驅動時燈泡亮

資料來源：(維基百科-繼電器, 2013)

由上二圖所示，輔以上述文字，我們就可以了解到如何設計一個繼電器驅動電路，來當為外界電器設備的控制開關了。

完成 Modbus RTU 繼電器模組電力供應

如下圖所示，我們看 Modbus RTU 繼電器模組之電源輸入端，本裝置可以使用 9~30V 直流電，我們使用 12V 直流電供應 Modbus RTU 繼電器模組。

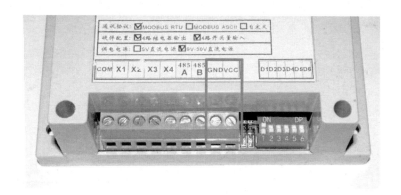

圖 12 Modbus RTU 繼電器模組之電源供應端)

　　如下圖所示，筆者使用高瓦數的交換式電源供應器，將下圖所示之紅框區，+V 為 12V 正極端接到上圖之 VCC，-V 為 12V 負極端接到上圖之 GND，完成 Modbus RTU 繼電器模組之電力供應。

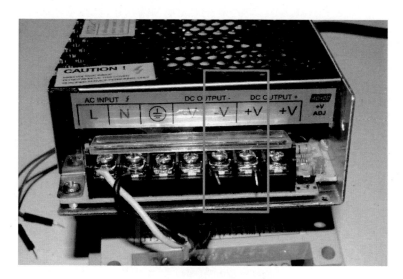

圖 13 電源供應器 12V 供應端

完成 Modbus RTU 繼電器模組之對外通訊端

如下圖所示，我們看 Modbus RTU 繼電器模組之 RS485 通訊端，如下圖紅框處，可以見到 A 與 B 的圖示，我們需要使用兩條平行線將 A、B 端 RS485 到另一端控制端之 RS485A、B 端。

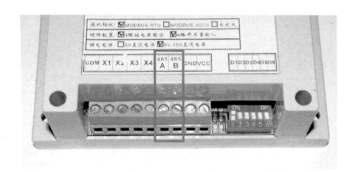

圖 14 Modbus RTU 繼電器模組之 RS485 通訊端

由於 RS485 的電壓與傳輸電氣方式不同，所以我們需要使用 TTL 轉 RS485 的轉換模組，如下圖.(a)所示， 筆者使用這個 TTL 轉 RS485 模組，進行轉換不同通訊方式。

(a). TL 轉 RS485 模組

(b). TL 轉 RS485 模組之工業通訊端

圖 15 TTL 轉 RS485 模組

　　如上圖.(b)紅框所示，我們將 A+腳位接在 Modbus RTU 繼電器模組之 RS485 之 A 腳位；再來我們將 B-腳位接在 Modbus RTU 繼電器模組之 RS485 之 B 腳位，完成下圖所示之電路。

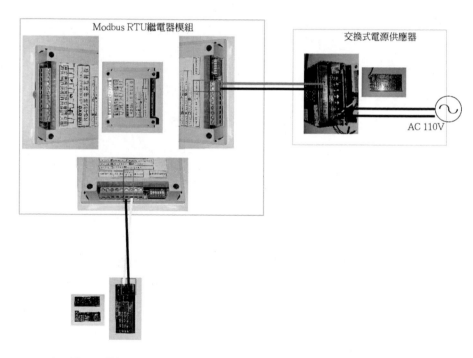

圖 16 TTL 轉 RS485 模組

章節小結

　　本章主要介紹之 Modbus RTU 繼電器模組主要規格、電路連接、單晶片如何透過 TTL2RS485 模組連接 Modbus RTU 繼電器模組等介紹，透過本章節的解說，相信讀者會對連接、使用 TTL2RS485 模組，連接 Modbus RTU 繼電器模，有更深入的了解與體認。

3

CHAPTER

以太網路通訊控制

Ethernet Shield 2 主要特色是把 TCP/IP Protocols (TCP, UDP, ICMP, IPv4 ARP, IGMP, PPPoE, Ethernet) 做在硬體電路上，減輕了單晶片(MCU)的負擔 (也就是 Arduino 開發板的負擔)。

Arduino 程式只要使用 Ethernet Library[1] 便可以輕易完成連至網際網路的動作，不過 Ethernet Shield 2 也不是沒有缺點，因為它有一個限制，就是最多只允許同時 4 個 socket 連線。

Arduino Ethernet Shield 2 使用加長型的 Pin header (如下圖**錯誤! 找不到參照來源**。.(a) & 下圖.(b))，可以直接插到 Arduino 控制板上 (如下圖.(c) & 下圖.(d) & 下圖.(e))，而且原封不動地保留了 Arduino 控制板的 Pin Layout，讓使用者可以在它上面疊其它的擴充板(如下圖.(c) & 下圖.(d) & 下圖.(e))。

新的 Ethernet Shield 2 增加了 micro-SD card 插槽(如下圖.(a))，可以用來儲存檔案，你可以用 Arduino 內建的 SD library 來存取板子上的 SD card

Ethernet Shield 2 相容於 UNO 和 Mega 2560 控制板。

---

[1] 可到 Arduino.cc 的官網：http://www.arduino.cc/en/reference/ethernet，下載函式庫與相關範例。

(a)正面圖   (b).背面圖

(c).堆疊圖   (d).網路接腳圖

圖 17 Ethernet Shield 2

資料來源：Ethernet Shield 2 官網：https://store.arduino.cc/usa/arduino-ethernet-shield-2

Arduino 開發板跟 Ethernet Shield 2 以及 SD card 之間的通訊都是透過 SPI bus (通過 ICSP header)。

以 UNO 開發板 而言，SPI bus 腳位位於 pins 11, 12 和 13，而 Mega 2560 開發板 則是 pins 50, 51 和 52。UNO 和 Mega 2560 都一樣，pin 10 是用來選擇 W5100，而 pin 4 則是用來選擇 SD card。這邊提到的這幾支腳位都不能拿來當 GPIO 使用，請讀者勿必避開這兩個 GPIO 腳位。

另外，在 Arduino Mega 2560 開發板上，pin 53 是 hardware SS pin，這支腳位 也必須保持為 OUTPUT，不然 SPI bus 就不能動作。

在使用的時候要注意一件事，因為 Ethernet Shield 2 和 SD card 共享 SPI bus，所以在同一個時間只能使用其中一個設備。如果你程式裏會用到 Ethernet Shield 2 和 SD card 兩種設備，那在使用對應的 library 時就要特別留意，要避免搶 SPI bus 資源的情形。

假如你確定不會用到其中一個設備的話，你可以在程式裏明白地指示 Arduino

開發板，方法是：如果不會用到 SD card，那就把 pin 4 設置成 OUTPUT 並把狀態改為 high，如果不會用到 W5500，那麼便把 pin 10 設置成 OUTPUT 並把狀態改為 high。

如下圖所示，Ethernet Shield 2 狀態指示燈 (LEDs)功能列舉如下:

- PWR: 表示 Arduino 控制板和 Ethernet Shield 已經上電
- LINK: 網路指示燈，當燈號閃爍時代表正在傳送或接收資料
- FULLD: 代表網路連線是全雙工
- 100M: 表示網路是 100 MB/s (相對於 10 Mb/s)
- RX: 接收資料時閃爍
- TX: 傳送資料時閃爍
- COLL: 閃爍時代表網路上發生封包碰撞的情形 (network collisions are detected)

資料來源：https://store.arduino.cc/usa/arduino-ethernet-shield-2

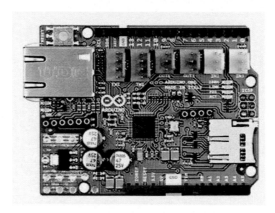

圖 18 Ethernet Shield 2 指示燈

資料來源：Ethernet Shield 2 官網：https://store.arduino.cc/usa/arduino-ethernet-shield-2

簡單 Web Server

首先，組立 Ethernet Shield 2 以太網路模組是非常容易的一件事，如下圖所示，只要將 Ethernet Shield 2 以太網路模組堆疊到任何 Arduino 開發板之上就可以了。

圖 19 將 Arduino 開發板與 Ethernet Shield 2 以太網路模組堆疊組立

之後，在將組立好的 Ethernet Shield 2 以太網路模組，如下圖所示，只要將 USB 線差到 Arduino 開發板，再將 RJ 45 的網路線一端插到 Ethernet Shield 2 以太網路模組，另一端插到可以上網的集線器(Switch HUB)的任何一個區域網路接口(Lan Port) 就可以了。

圖 20 接上電源與網路線的 Ethernet Shield 2 以太網路模組堆疊卡

　　我們遵照前幾章所述，將 Arduino 開發板的驅動程式安裝好之後，我們打開

Arduino 開發板的開發工具：Sketch IDE 整合開發軟體，撰寫一段程式，如下表所

示之 WebServer 測試程式，我們就可以讓 Ethernet Shield 2 以太網路模組堆疊卡變

成一台簡易的網頁伺服器運作了。

表 1 WebServer 測試程式

Ethernet Shield 2 以太網路模組(WebServer_W5500)
/* 　Web Server A simple web server that shows the value of the analog input pins. using an Arduino Wiznet Ethernet shield. Circuit: * Ethernet shield attached to pins 10, 11, 12, 13 * Analog inputs attached to pins A0 through A5 (optional)

```
created 18 Dec 2009
by David A. Mellis
modified 9 Apr 2012
by Tom Igoe
modified 15 Jul 2014
by Soohwan Kim

*/


#include <SPI.h>
#include <Ethernet.h>

// Enter a MAC address and IP address for your controller below.
// The IP address will be dependent on your local network:
#if defined(WIZ550io_WITH_MACADDRESS) // Use assigned MAC address of
WIZ550io
;
#else
byte mac[] = {0xDE, 0xAD, 0xBE, 0xEF, 0xFE, 0xED};
#endif

//#define __USE_DHCP__

IPAddress ip(192, 168, 88, 177);
IPAddress gateway(192, 168, 881, 1);
IPAddress subnet(255, 255, 255, 0);
// fill in your Domain Name Server address here:
IPAddress myDns(168,95, 1, 1); // google puble dns

// Initialize the Ethernet server library
// with the IP address and port you want to use
// (port 80 is default for HTTP):
EthernetServer server(80);

void setup() {
    // Open serial communications and wait for port to open:
    Serial.begin(9600);
    Serial.println("Program Start") ;
```

```
  // initialize the ethernet device
#if defined __USE_DHCP__
#if defined(WIZ550io_WITH_MACADDRESS) // Use assigned MAC address of
WIZ550io
  Ethernet.begin();
#else
  Ethernet.begin(mac);
#endif
#else
#if defined(WIZ550io_WITH_MACADDRESS) // Use assigned MAC address of
WIZ550io
  Ethernet.begin(ip, myDns, gateway, subnet);
#else
  Ethernet.begin(mac, ip, myDns, gateway, subnet);
#endif
#endif

  // start the Ethernet connection and the server:
  server.begin();
  Serial.print("server is at ");
  Serial.println(Ethernet.localIP());
}


void loop() {
  // listen for incoming clients
  EthernetClient client = server.available();
  if (client) {
    Serial.println("new client");
    // an http request ends with a blank line
    boolean currentLineIsBlank = true;
    while (client.connected()) {
      if (client.available()) {
        char c = client.read();
        Serial.write(c);
        // if you've gotten to the end of the line (received a newline
        // character) and the line is blank, the http request has ended,
```

```
        // so you can send a reply
        if (c == '\n' && currentLineIsBlank) {
            // send a standard http response header
            client.println("HTTP/1.1 200 OK");
            client.println("Content-Type: text/html");
            client.println("Connection: close");    // the connection will be closed after
completion of the response
            client.println("Refresh: 5");    // refresh the page automatically every 5 sec
            client.println();
            client.println("<!DOCTYPE HTML>");
            client.println("<html>");
            // output the value of each analog input pin
            for (int analogChannel = 0; analogChannel < 6; analogChannel++) {
                int sensorReading = analogRead(analogChannel);
                client.print("analog input ");
                client.print(analogChannel);
                client.print(" is ");
                client.print(sensorReading);
                client.println("<br />");
            }
            client.println("</html>");
            break;
        }
        if (c == '\n') {
            // you're starting a new line
            currentLineIsBlank = true;
        }
        else if (c != '\r') {
            // you've gotten a character on the current line
            currentLineIsBlank = false;
        }
    }
}
// give the web browser time to receive the data
delay(1);
// close the connection:
client.stop();
Serial.println("client disconnected");
```

```
    }
}
```

程式碼：https://github.com/brucetsao/Industry4_Gateway

如下圖所示，讀者可以看到本次實驗- WebServer 測試程式結果畫面。

(a).使用網頁查看網頁伺服器資料

(b).使用監控視窗查看網頁伺服器連線資料

圖 21　WebServer 測試程式結果畫面

建立電路組立

如下表所示，我們將 Ameba RTL 8195 AM 開發板與 TTL 轉 RS485 模組之電路連接起來後，連同 Modbus RTU 繼電器模組與電源供應器等，進行最後的電路組立，完成後如下圖所示，我們可以完成 Ameba 連接 Modbus RTU 繼電器模組之完整電路。

表 2 電路組立接腳表

TTL 轉 RS485	Modbus RTU 繼電器模組
A+	Modbus RTU 繼電器模組 (A)
B-	Modbus RTU 繼電器模組 (B)
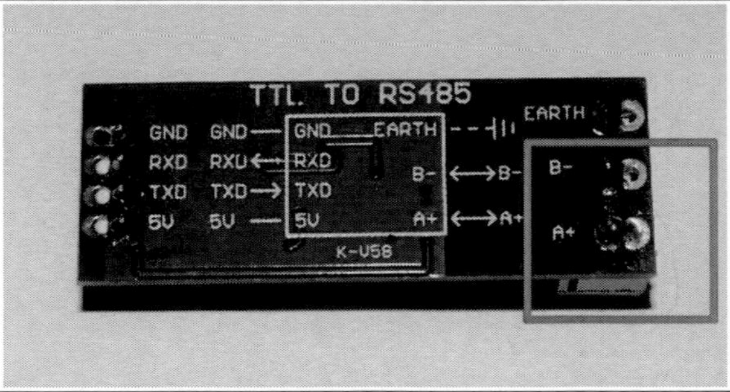	

TTL 轉 RS485	Modbus RTU 繼電器模組
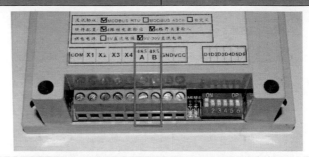	

TTL 轉 RS485	Ameba RTL 8195 開發板
GND	GND
RXD	D0
TXD	D1
5V	+5V

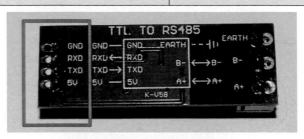

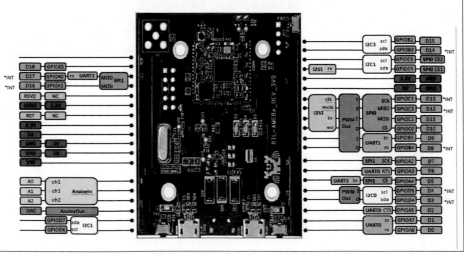

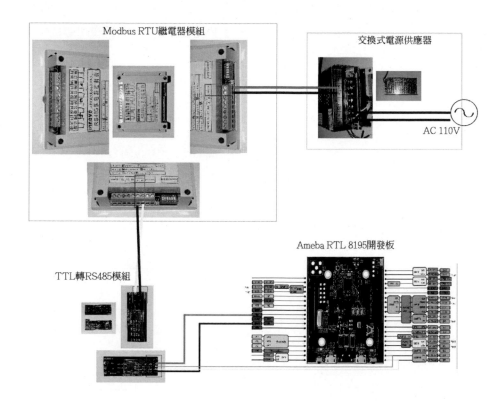

圖 22 Ameba 連接 Modbus RTU 繼電器模組之完整電路圖

透過命令控制 Modbus RTU 繼電器模組

　　我們將 Arduno 開發板的驅動程式安裝好之後，我們打開 Arduino 開發板的開發工具： Sketch IDE 整合開發軟體（軟體下載請到： https://www.arduino.cc/en/Main/Software)，攢寫一段程式，如下表所示之透過串列埠傳輸命令控制 Modbus RTU 繼電器模組測試程式，使用控制命令控制繼電器開啟與關閉。

表 3 透過串列埠傳輸命令控制 Modbus RTU 繼電器模組測試程式

透過串列埠傳輸命令控制 Modbus RTU 繼電器模組測試程式 (Ameba_Control_RS485_Coil)

```
#include <SoftwareSerial.h>

unsigned char cmd[8][8] ={ {0x01,0x05,0x00,0x00,0xFF,0x00,0x8C,0x3A},
                           {0x01,0x05,0x00,0x00,0x00,0x00,0xCD,0xCA},
                           {0x01,0x05,0x00,0x01,0xFF,0x00,0xDD,0xFA},
                           {0x01,0x05,0x00,0x01,0x00,0x00,0x9C,0x0A},
                           {0x01,0x05,0x00,0x02,0xFF,0x00,0x2D,0xFA},
                           {0x01,0x05,0x00,0x02,0x00,0x00,0x6C,0x0A},
                           {0x01,0x05,0x00,0x03,0xFF,0x00,0x7C,0x3A},
                           {0x01,0x05,0x00,0x03,0x00,0x00,0x3D,0xCA} } ;


/*
 * Relay0 On:   01-05-00-00-FF-00-8C-3A
Relay0 Off: 01-05-00-00-00-00-CD-CA
Relay1 On:   01-05-00-01-FF-00-DD-FA
Relay1 Off: 01-05-00-01-00-00-9C-0A
Relay2 On:   01-05-00-02-FF-00-2D-FA
Relay2 Off: 01-05-00-02-00-00-6C-0A
Relay3 On:   01-05-00-03-FF-00-7C-3A
Relay3 Off: 01-05-00-03-00-00-3D-CA
 */
SoftwareSerial mySerial(0, 1); // RX, TX

void setup() {
  // put your setup code here, to run once:
    Serial.begin(9600) ;
    mySerial.begin(9600) ;
    Serial.println("RS485 Test Start .....") ;

}

void loop() {
  // put your main code here, to run repeatedly:
    for(int i = 0 ; i <8; i++)
```

```
                {
                    mySerial.write(cmd[1][i]) ;
                }
            Serial.println("Realy Turn on ") ;
            if (mySerial.available() >0)
                {
                    while (mySerial.available() >0)
                        {
                            Serial.print(mySerial.read() , HEX) ;
                        }


                }
        delay(10000) ;
    for(int i = 0 ; i <8; i++)
        {
            mySerial.write(cmd[0][i]) ;
        }
    Serial.println("Realy Turn off ") ;
    if (mySerial.available() >0)
        {
            while (mySerial.available() >0)
                {
                    Serial.print(mySerial.read() , HEX) ;
                }


        }
    delay(10000) ;


}
```

程式碼：https://github.com/brucetsao/Industry4_Gateway

控制命令解釋

如下表所示，筆者拿到 Modbus RTU 繼電器模組的命令資料如下：

表 4　Modbus RTU 繼電器模組的命令資料一覽表

繼電器	狀態	命令
繼電器一	開啟	01-05-00-00-FF-00-8C-3A
繼電器一	關閉	01-05-00-00-00-00-CD-CA
繼電器二	開啟	01-05-00-01-FF-00-DD-FA
繼電器二	關閉	01-05-00-01-00-00-9C-0A
繼電器三	開啟	01-05-00-02-FF-00-2D-FA
繼電器三	關閉	01-05-00-02-00-00-6C-0A
繼電器四	開啟	01-05-00-03-FF-00-7C-3A
繼電器四	關閉	01-05-00-03-00-00-3D-CA

　　首先，我們使用 cmd 的字串陣列來儲存上面四個繼電器的開啟、關閉的命令控制碼，每一個控制命令為八個位元組組成。

```
unsigned char cmd[8][8] ={ {0x01,0x05,0x00,0x00,0xFF,0x00,0x8C,0x3A},
                           {0x01,0x05,0x00,0x00,0x00,0x00,0xCD,0xCA},
                           {0x01,0x05,0x00,0x01,0xFF,0x00,0xDD,0xFA},
                           {0x01,0x05,0x00,0x01,0x00,0x00,0x9C,0x0A},
                           {0x01,0x05,0x00,0x02,0xFF,0x00,0x2D,0xFA},
                           {0x01,0x05,0x00,0x02,0x00,0x00,0x6C,0x0A},
                           {0x01,0x05,0x00,0x03,0xFF,0x00,0x7C,0x3A},
                           {0x01,0x05,0x00,0x03,0x00,0x00,0x3D,0xCA} } ;
```

程式碼：https://github.com/brucetsao/Industry4_Gateway

　　如下表，我們控制第一組繼電器關閉，為 cmd[1][0-8]的命令，所以我們使用迴圈傳輸到 mySerial（已用 SoftwareSerial mySerial(0, 1); // RX, TX，進行宣告為 T T L

轉ＲＳ485 模組所使用的腳位），進行命令控制。

```
for(int i = 0 ; i <8; i++)
    {
       mySerial.write(cmd[1][i]) ;
    }
    Serial.println("Realy Turn on ") ;
    if (mySerial.available() >0)
       {
          while (mySerial.available() >0)
             {
                Serial.print(mySerial.read() , HEX) ;
             }

       }
```

　　如下表，我們控制第一組繼電器開啟，為 cmd[0][0-8]的命令，所以我們使用迴圈傳輸到 mySerial（已用 SoftwareSerial mySerial(0, 1); // RX, TX，進行宣告為ＴＴＬ轉ＲＳ485 模組所使用的腳位），進行命令控制。

```
for(int i = 0 ; i <8; i++)
    {
       mySerial.write(cmd[1][i]) ;
    }
    Serial.println("Realy Turn on ") ;
    if (mySerial.available() >0)
       {
          while (mySerial.available() >0)
             {
                Serial.print(mySerial.read() , HEX) ;
             }

       }
```

使用 TCP/IP 建立網站控制繼電器

我們將 Arduno 開發板的驅動程式安裝好之後，我們打開 Arduino 開發板的開發工具：Sketch IDE 整合開發軟體(軟體下載請到：https://www.arduino.cc/en/Main/Software)，我們寫出一個使用ＷＩＦＩ的ＡＣＣＥＳＳ　ＰＯＩＮＴ（ＡＰ　Ｍｏｄｅ）模式，使用 TCP/IP 傳輸，建立一個網站，進而建立控制網頁，來控制 Modbus RTU 繼電器模組。

表 5 使用 TCP/IP 建立網站控制繼電器測試程式

使用 TCP/IP 建立網站控制繼電器測試程式 (Ameba_APMode_Control_RS485_CoilV3)

``
#include <SoftwareSerial.h>
#include <String.h>
 	
unsigned char cmd[8][8] ={ {0x01,0x05,0x00,0x00,0xFF,0x00,0x8C,0x3A},
                           {0x01,0x05,0x00,0x00,0x00,0x00,0xCD,0xCA},
                           {0x01,0x05,0x00,0x01,0xFF,0x00,0xDD,0xFA},
                           {0x01,0x05,0x00,0x01,0x00,0x00,0x9C,0x0A},
                           {0x01,0x05,0x00,0x02,0xFF,0x00,0x2D,0xFA},
                           {0x01,0x05,0x00,0x02,0x00,0x00,0x6C,0x0A},
                           {0x01,0x05,0x00,0x03,0xFF,0x00,0x7C,0x3A},
                           {0x01,0x05,0x00,0x03,0x00,0x00,0x3D,0xCA} };
 	
boolean   RelayMode[4]= { false,false,false,false} ;
/*
Relay0 On: 01-05-00-00-FF-00-8C-3A
Relay0 Off: 01-05-00-00-00-00-CD-CA
Relay1 On: 01-05-00-01-FF-00-DD-FA
Relay1 Off: 01-05-00-01-00-00-9C-0A
Relay2 On: 01-05-00-02-FF-00-2D-FA
Relay2 Off: 01-05-00-02-00-00-6C-0A
``

```
    Relay3 On:    01-05-00-03-FF-00-7C-3A
    Relay3 Off: 01-05-00-03-00-00-3D-CA
    */
    SoftwareSerial mySerial(0, 1); // RX, TX

    #include <WiFi.h>

    char ssid[] = "Ameba";    //Set the AP's SSID
    char pass[] = "12345678";        //Set the AP's password
    char channel[] = "11";            //Set the AP's channel
    int status = WL_IDLE_STATUS;        // the Wifi radio's status

    int keyIndex = 0;                    // your network key Index number (needed
only for WEP)
    IPAddress    Meip ,Megateway ,Mesubnet ;
    String MacAddress ;
    uint8_t MacData[6];


    WiFiServer server(80);
    String currentLine = "";                    // make a String to hold incoming data
from the client

    void setup() {
        //Initialize serial and wait for port to open:
            Serial.begin(9600) ;
          mySerial.begin(9600) ;

        // check for the presence of the shield:
        if (WiFi.status() == WL_NO_SHIELD) {
            Serial.println("WiFi shield not present");
            while (true);
        }
        String fv = WiFi.firmwareVersion();
        if (fv != "1.1.0") {
            Serial.println("Please upgrade the firmware");
        }

        // attempt to start AP:
```

```
    while (status != WL_CONNECTED) {
      Serial.print("Attempting to start AP with SSID: ");
      Serial.println(ssid);
      status = WiFi.apbegin(ssid, pass, channel);
      delay(10000);
    }

    //AP MODE already started:
    Serial.println("AP mode already started");
    Serial.println();
      server.begin();
    printWifiData();
    printCurrentNet();
  }

  void loop() {
    WiFiClient client = server.available();      // listen for incoming clients

    if (client)
    {                                            // if you get a client,
      Serial.println("new client");                   // print a message out the serial port
      currentLine = "";                               // make a String to hold incoming data
from the client
      Serial.println("clear content");                   // print a message out the serial port
      while (client.connected())
      {                 // loop while the client's connected
        if (client.available())
        {                      // if there's bytes to read from the client,
          char c = client.read();                  // read a byte, then
          Serial.write(c);                           // print it out the serial monitor
      //    Serial.print("@") ;
          if (c == '\n')
          {                                  // if the byte is a newline character
            // Serial.print("~") ;
            // if the current line is blank, you got two newline characters in a row.
            // that's the end of the client HTTP request, so send a response:
            if (currentLine.length() == 0)
            {
```

```
                    // HTTP headers always start with a response code (e.g. HTTP/1.1
200 OK)
                    // and a content-type so the client knows what's coming, then a blank
line:
                    client.println("HTTP/1.1 200 OK");

                    client.println("Content-type:text/html");
                    client.println();

          client.print("<title>Ameba AP Mode Control Relay</title>");
                    client.println();
                            client.print("<html>");
                            client.println();
   //                       client.print("<body>");
   //                       client.println();
   //----------control code start--------------------
                            // the content of the HTTP response follows the
header:
                            client.print("<p>Relay 1") ;
                            if (RelayMode[0])
                                {
                                    client.print("(ON)") ;
                                }
                                else
                                {
                                    client.print("(OFF)") ;
                                }

                            client.print(":") ;
                            client.print("<a href='/A'>Open</a>") ;
                            client.print("/") ;
                            client.print("<a href='/B'>Close</a>") ;
                            client.print("</p>");
                            client.print("<p>Relay 2") ;
                            if (RelayMode[1])
                                {
                                    client.print("(ON)") ;
                                }
```

```
                else
                {
                    client.print("(OFF)") ;
                }

        client.print(":") ;
        client.print("<a href='/C'>Open</a>") ;
        client.print("/") ;
        client.print("<a href='/D'>Close</a>") ;
        client.print("</p>");
        client.print("<p>Relay 3") ;
        if (RelayMode[2])
                {
                    client.print("(ON)") ;
                }
                else
                {
                    client.print("(OFF)") ;
                }

        client.print(":") ;
        client.print("<a href='/E'>Open</a>") ;
        client.print("/") ;
        client.print("<a href='/F'>Close</a>") ;
        client.print("</p>");
        client.print("<p>Relay 4") ;
        if (RelayMode[3])
                {
                    client.print("(ON)") ;
                }
                else
                {
                    client.print("(OFF)") ;
                }

        client.print(":") ;
        client.print("<a href='/G'>Open</a>") ;
        client.print("/") ;
```

```
                            client.print("<a href='/H'>Close</a>") ;
                            client.print("</p>");
//----------control code end
    //                      client.print("</body>");
        //                  client.println();
                            client.print("</html>");
                            client.println();


            // The HTTP response ends with another blank line:
            client.println();
            // break out of the while loop:
            break;
        }      // end of if (currentLine.length() == 0)
        else
        {      // if you got a newline, then clear currentLine:
            // here new line happen
            // so check string is GET Command
              CheckConnectString() ;
            currentLine = "";
              // Serial.println("get new line so empty String") ;
        }      // end of if (currentLine.length() == 0) (for else)
    }      // end of   if (c == '\n')
    else if (c != '\r')
    {   // if you got anything else but a carriage return character,
        currentLine += c;          // add it to the end of the currentLine
    }      // end of   if (c == '\n')
// close the connection:


    }      // end of if (client.available())
        // inner while loop
    }      // end of while (client.connected())


    //    Serial.println("'while end'");

    client.stop();
    Serial.println("client disonnected");
}    //end of     if (client)
```

```
    // bottome line of loop()
}    //end of loop()

void CheckConnectString()
{
                    // Check to see if the client request was "GET /HN or "GET
/LN":
    //      Serial.print("#") ;
    //      Serial.print("!");
    //      Serial.print(currentLine);

    //      Serial.print("!\n");
     //     Serial.println("Enter to Check Command");
    if (currentLine.startsWith("GET /A"))
    {
            RelayMode[0] = true ;
            RelayControl(1,RelayMode[0]);
    }
    if (currentLine.startsWith("GET /B"))
    {
            RelayMode[0] = false ;
            RelayControl(1,RelayMode[0]);
    }
    //-----------------
    if (currentLine.startsWith("GET /C"))
    {
            RelayMode[1] = true ;
            RelayControl(2,RelayMode[1]);
    }
    if (currentLine.startsWith("GET /D"))
    {
            RelayMode[1] = false ;
            RelayControl(2,RelayMode[1]);
    }
    //-----------------
    if (currentLine.startsWith("GET /E"))
    {
            RelayMode[2] = true ;
```

```
                        RelayControl(3,RelayMode[2]);
                }
            if (currentLine.startsWith("GET /F"))
            {
                    RelayMode[2] = false ;
                    RelayControl(3,RelayMode[2]);
            }
            //-----------------
            if (currentLine.startsWith("GET /G"))
            {
                    RelayMode[3] = true ;
                    RelayControl(4,RelayMode[3]);
            }
            if (currentLine.startsWith("GET /H"))
            {
                    RelayMode[3] = false ;
                    RelayControl(4,RelayMode[3]);
            }
            //-----------------
}
void RelayControl(int relaynnp, boolean   RM)
{

        if (RM)
        {
          Serial.print("Open ");
          Serial.print(relaynnp);
          Serial.print("\n");
            TurnOnRelay(relaynnp) ;
        }
        else
        {
          Serial.print("Close ");
          Serial.print(relaynnp);
          Serial.print("\n");

            TurnOffRelay(relaynnp) ;
        }
```

```
}
void TurnOnRelay(int relayno)
{
    for(int i = 0 ; i <8; i++)
        {
            mySerial.write(cmd[(relayno-1)*2][i]) ;
        }
        Serial.print("\nRelay :(") ;
        Serial.print(relayno) ;
        Serial.print(") \n\n") ;
        if (mySerial.available() >0)
          {
              while (mySerial.available() >0)
                  {
                      Serial.print(mySerial.read() , HEX) ;
                  }

          }

}


void TurnOffRelay(int relayno)
{
    for(int i = 0 ; i <8; i++)
        {
            mySerial.write(cmd[(relayno-1)*2+1][i]) ;
        }
        Serial.print("Relay :(") ;
        Serial.print(relayno) ;
        Serial.print(") \n") ;
        if (mySerial.available() >0)
          {
              while (mySerial.available() >0)
                  {
```

```
                    Serial.print(mySerial.read() , HEX) ;
              }


          }


}


void ShowMac()
{

      Serial.print("MAC:");
      Serial.print(MacAddress);
      Serial.print("\n");


}




String GetWifiMac()
{
    String tt ;
    String t1,t2,t3,t4,t5,t6 ;
    WiFi.status();        //this method must be used for get MAC
   WiFi.macAddress(MacData);

   Serial.print("Mac:");
    Serial.print(MacData[0],HEX) ;
    Serial.print("/");
    Serial.print(MacData[1],HEX) ;
    Serial.print("/");
    Serial.print(MacData[2],HEX) ;
    Serial.print("/");
    Serial.print(MacData[3],HEX) ;
    Serial.print("/");
    Serial.print(MacData[4],HEX) ;
    Serial.print("/");
```

```
      Serial.print(MacData[5],HEX) ;
      Serial.print("~");

   t1 = print2HEX((int)MacData[0]);
   t2 = print2HEX((int)MacData[1]);
   t3 = print2HEX((int)MacData[2]);
   t4 = print2HEX((int)MacData[3]);
   t5 = print2HEX((int)MacData[4]);
   t6 = print2HEX((int)MacData[5]);
 tt = (t1+t2+t3+t4+t5+t6) ;
Serial.print(tt);
Serial.print("\n");

   return tt ;
}
String   print2HEX(int number) {
   String ttt ;
   if (number >= 0 && number < 16)
   {
      ttt = String("0") + String(number,HEX);
   }
   else
   {
        ttt = String(number,HEX);
   }
   return ttt ;
}




void ShowInternetStatus()
{

         if (WiFi.status())
           {
                 Meip = WiFi.localIP();
                 Serial.print("Get IP is:");
```

```
                    Serial.print(Meip);
                    Serial.print("\n");


            }
            else
            {
                        Serial.print("DisConnected:");
                        Serial.print("\n");
            }

    }

    void initializeWiFi() {
        while (status != WL_CONNECTED) {
            Serial.print("Attempting to connect to SSID: ");
            Serial.println(ssid);
            // Connect to WPA/WPA2 network. Change this line if using open or WEP net-
work:
            status = WiFi.begin(ssid, pass);
            //    status = WiFi.begin(ssid);

            // wait 10 seconds for connection:
            delay(10000);
        }
        Serial.print("\n Success to connect AP:") ;
        Serial.print(ssid) ;
        Serial.print("\n") ;

    }

    void printWifiData() {
        // print your WiFi shield's IP address:
        IPAddress ip = WiFi.localIP();
        Serial.print("IP Address: ");
        Serial.println(ip);

        // print your subnet mask:
        IPAddress subnet = WiFi.subnetMask();
```

```
    Serial.print("NetMask: ");
    Serial.println(subnet);

    // print your gateway address:
    IPAddress gateway = WiFi.gatewayIP();
    Serial.print("Gateway: ");
    Serial.println(gateway);
    Serial.println();
}

void printCurrentNet() {
    // print the SSID of the AP:
    Serial.print("SSID: ");
    Serial.println(WiFi.SSID());

    // print the MAC address of AP:
    byte bssid[6];
    WiFi.BSSID(bssid);
    Serial.print("BSSID: ");
    Serial.print(bssid[0], HEX);
    Serial.print(":");
    Serial.print(bssid[1], HEX);
    Serial.print(":");
    Serial.print(bssid[2], HEX);
    Serial.print(":");
    Serial.print(bssid[3], HEX);
    Serial.print(":");
    Serial.print(bssid[4], HEX);
    Serial.print(":");
    Serial.println(bssid[5], HEX);

    // print the encryption type:
    byte encryption = WiFi.encryptionType();
    Serial.print("Encryption Type:");
    Serial.println(encryption, HEX);
    Serial.println();
}
```

程式編譯完成後，上傳到 Ameba RTL 8195 開發板之後，我們重置 Ameba RTL 8195 開發板(必須要重置方能執行我們上傳的程式)，我們可以透過電腦(筆電)的無線網路熱點看到如下圖所示的『Ameba』熱點，請電腦切換到此熱點之後，等待網路連接一切就緒後，請讀者啟動瀏覽器(本文為 Chrome 瀏覽器)，然後在網址列輸入『Ameba』熱點的網址：『192.168.1.1』，進入網址畫面。

圖 23 執行後產生 Ameba 熱點

如下圖所示，我們可以看到 Ameba RTL 8195 開發板以建立『Ameba』熱點，並建立網站：『192.168.1.1』，此時我們可以點選網頁，來控制四個繼電器關起與關閉。

圖 24 透過網頁控制 Modbus RTU 繼電器模組測試程式結果畫面

　　如下圖所示，我們先測試 Modbus RTU 繼電器模組之第一組繼電器，我們點選

下圖.(a)，Relay 1 的 **_Open_** 超連結，我們可以看到下圖.(b)所示，已經可以完整開啟

繼電器，且三用電表也顯示通路。

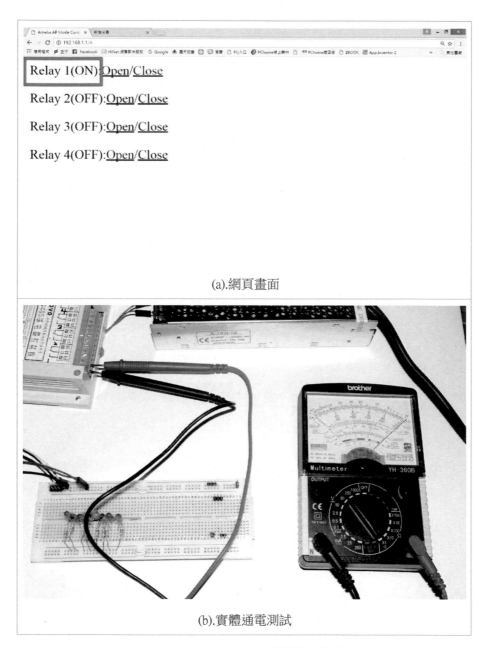

(a).網頁畫面

(b).實體通電測試

圖 25 TCP 伺服器啟動結果畫面

接下來我們測試是否可以關閉繼電器，如下圖所示，我們測試 Modbus RTU 繼電器模組之第一組繼電器，我們點選下圖.(a)，Relay 1 的 ***Close*** 超連結，我們可以看到下圖.(b)所示，已經可以關閉繼電器，且三用電表也顯示斷路。

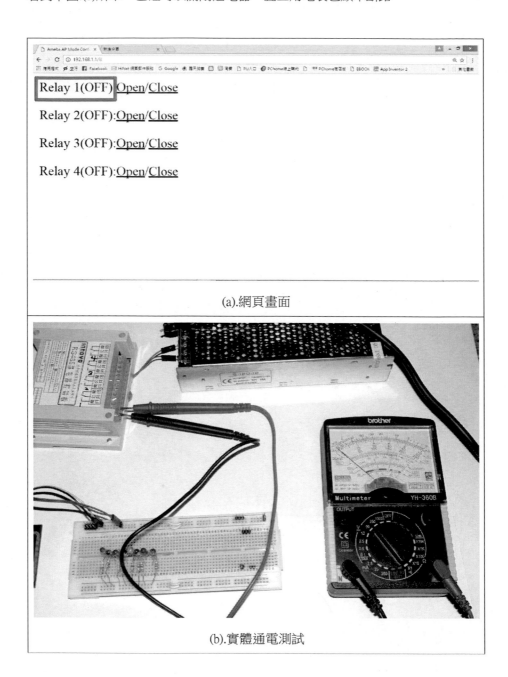

(a).網頁畫面

(b).實體通電測試

圖 26 透過 TCP 命令改變燈泡

實體展示

最後，如下圖所示，我們將上面所有的零件，電務連接完成後，完整顯示在下圖中，我們可以發現，主要組件為下圖左邊三個元件，如果讀者閱讀完本文後，可以自行完成如筆者一樣的產品，並可以將之濃縮到非常小的盒子當中，如此我們可以讓工業上的控制，開始可以使用網際網路的方式進行控制。

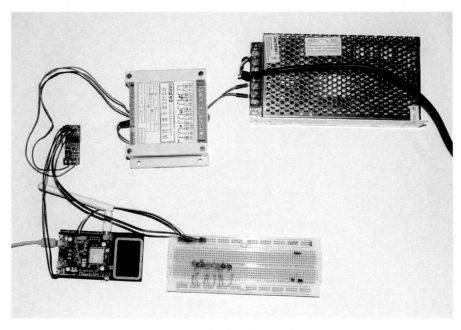

圖 27 整合電路產品原型

章節小結

本章主要介紹使用 Ameba RTL 8195 AM 開發板，整合 Modbus RTU 繼電器模組，建立一個獨立的網頁伺服器來控制 Modbus RTU 繼電器模組的四組繼電器，進而利用繼電器的電器開關來控制電力供應與否，相信讀者閱讀後，將對遠端與網頁方式控制電力供應，有更深入的了解與體認。

4
CHAPTER

WIFI 無線網路通訊介紹

Arduino MKR1000 是一款功能強大的主板,結合了 Zero 和 Wi-Fi Shield 的功能。對於希望設計物聯網專案的開發者來說,這是一個理想的解決方案。

Arduino MKR1000 的設計主要增加 Wi-Fi 連接的製造商提供一個實用且經濟高效的解決方案,而這種解決方案使用 Atmel ATSAMW25 SoC 晶片, Atmel 無線設備的 SmartConnect 系列,專為物聯網專案和開發設備而設計。

如下圖所示,Arduino MKR1000 (with Headers) 是 Arduino 原廠進口的開發版,結合了 Zero 和 Wi-Fi Shield 的功能。

(b).背面圖

(a)正面圖

(c). 45 度圖

(d).網路接腳圖

圖 28 Arduino MKR1000

資料來源:Arduino.cc 官網:https://store.arduino.cc/usa/arduino-mkr-wifi-1010

Arduino MKR1000 的晶片主要介紹如下：

- 微控制器：SAMD21 Cortex-M0 + 32 位低功耗 ARM MCU
- 電源：（USB / VIN）：5V
- 支持電池：Li-Po 單節電池，最小 3.7V，700mAh
- 電路工作電壓：3.3V
- 數字 I / O 腳位：8
- PWM 引腳：12（0,1,2,3,4,5,6,7,8,10，A3 - 或 18 - ，A4-或 19）
- UART： 1
- SPI：1
- I2C：1
- I2S：1
- 連接：無線上網
- 類比輸入腳位：7（ADC 8/10/12 位）
- 類比輸出腳位：1（DAC 10 位）
- 外部中斷：8（0,1,4,5,6,7,8，A1-或 16-，A2-或 17）
- 每個 I / O 腳位的直流電流：7 毫安
- 閃存：256 KB
- SRAM：32 KB
- EEPROM：沒有
- 時鐘速度：32.768 kHz（RTC），48 MHz
- LED_BUILTIN：6
- 全速 USB 設備和嵌入式主機：包括 LED_BUILTIN
- 長度：61.5 毫米
- 寬度：25 毫米
- 重量：32 克

該設計包括一個 Li-Po 充電電路，允許 Arduino / Genuino MKR1000 以電池電源或外部 5V 電源運行，在外部電源上運行時為 Li-Po 電池充電，從一個信號源切換到另一個信號源是自動完成的。具有與 Zero 板類似的良好的 32 位計算能力，通常豐富的 I / O 腳位，具有用於安全通信的 Cryptochip 的低功耗 Wi-Fi 以及易於使用原始碼開發和編程的 Arduino 開發工具（IDE）。

所有這些特性使得這款主板成為緊湊型外形的新興物聯網電池供電項目的首

選。USB 端口可用於為主板提供電源（5V）。Arduino MKR1000 可以帶或不帶鋰電池連接，功耗有限。

讀者必須注意的是，與大多數 Arduino 和 Genuino 板不同，MKR1000 運行在3.3V。I/O 腳位可以承受的最大電壓是 3.3V。對任何 I/O 腳位而言，施加高於 3.3V的電壓都可能會損壞電路板。當輸出到 5V 數位設備時，與 5V 設備的雙向通信需要適當的電平轉換方可以應用。

掃描ＭＡＣ位址

首先，如下圖所示，只要將 Arduino MKR1000 插上 MicroUSB 線，將該線差到開發用的電腦就可以了。

圖 29 Arduino MKR1000

我們遵照前幾章所述，將 Arduino 開發板的驅動程式安裝好之後，我們打開Arduino 開發板的開發工具：Sketch IDE 整合開發軟體，攥寫一段程式，如下表所示之掃描ＭＡＣ位址測試程式，我們就可以讓 Arduino MKR1000 開發板找出自己的掃描ＭＡＣ位址。

表 6 掃描ＭＡＣ位址測試程式

掃描ＭＡＣ位址測試程式(ScanMAC_MKR1000)

```
#include <SPI.h>
#include <WiFi101.h>

void setup() {
  //Initialize serial and wait for port to open:
  Serial.begin(9600);

  // check for the presence of the shield:
  if (WiFi.status() == WL_NO_SHIELD) {
    Serial.println("WiFi shield not present");
    // don't continue:
    while (true);
  }

  // Print WiFi MAC address:



}

void loop() {

  // scan for existing networks:
  Serial.print("MAC:(") ;
  Serial.print(GetMacAddress()) ;
  Serial.print(")\n") ;

    delay(10000);
}

void printMacAddress() {
  // the MAC address of your WiFi shield
  byte mac[6];

  // print your MAC address:
```

```
   WiFi.macAddress(mac);
   Serial.print("MAC: ");
   Serial.print(mac[5], HEX);
   Serial.print(":");
   Serial.print(mac[4], HEX);
   Serial.print(":");
   Serial.print(mac[3], HEX);
   Serial.print(":");
   Serial.print(mac[2], HEX);
   Serial.print(":");
   Serial.print(mac[1], HEX);
   Serial.print(":");
   Serial.println(mac[0], HEX);
}


String GetMacAddress() {
   // the MAC address of your WiFi shield
   String Tmp = "" ;
   byte mac[6];

   // print your MAC address:
   WiFi.macAddress(mac);
   for (int i=0; i<6; i++)
     {
         Tmp.concat(print2HEX(mac[i])) ;
     }
     Tmp.toUpperCase() ;
   return Tmp ;
}


String   print2HEX(int number) {
   String ttt ;
   if (number >= 0 && number < 16)
   {
     ttt = String("0") + String(number,HEX);
```

```
    }
    else
    {
        ttt = String(number,HEX);
    }
    return ttt ;
}
```

程式碼：https://github.com/brucetsao/Industry4_Gateway

如下圖所示，讀者可以看到本次實驗-掃描ＭＡＣ位址測試程式結果畫面。

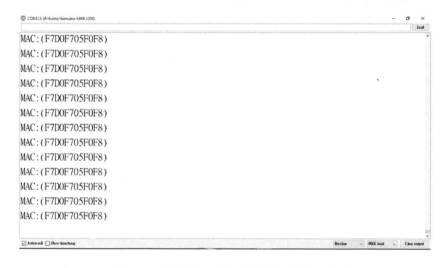

圖 30　掃描ＭＡＣ位址測試程式結果畫面

掃描熱點

首先，如下圖所示，只要將 Arduino MKR1000 插上 MicroUSB 線，將該線差到開發用的電腦就可以了。

圖 31 Arduino MKR1000

　　我們遵照前幾章所述，將 Arduino 開發板的驅動程式安裝好之後，我們打開 Arduino 開發板的開發工具：Sketch IDE 整合開發軟體，攥寫一段程式，如下表所示之掃描熱點測試程式，我們就可以讓 Arduino MKR1000 開發板找出自己的附近熱點。

表 7 掃描熱點測試程式

掃描熱點測試程式(ScanNetworks_MKR1000)

```
#include <SPI.h>
#include <WiFi101.h>

void setup() {
  //Initialize serial and wait for port to open:
  Serial.begin(9600);
  while (!Serial) {
    ; // wait for serial port to connect. Needed for native USB port only
  }

  // check for the presence of the shield:
  if (WiFi.status() == WL_NO_SHIELD) {
    Serial.println("WiFi shield not present");
    // don't continue:
    while (true);
  }
```

```
    // Print WiFi MAC address:
    ShowMAC() ;

    // scan for existing networks:
    Serial.println("Scanning available networks...");
    listNetworks();
}

void loop() {
    delay(10000);
    // scan for existing networks:
    Serial.println("Scanning available networks...");
    listNetworks();
}

void ShowMAC()
{
        Serial.print("MAC:(") ;
    Serial.print(GetMacAddress()) ;
    Serial.print(")\n") ;
}
void printMacAddress() {
    // the MAC address of your WiFi shield
    byte mac[6];

    // print your MAC address:
    WiFi.macAddress(mac);
    Serial.print("MAC: ");
    Serial.print(mac[0], HEX);
    Serial.print(":");
    Serial.print(mac[1], HEX);
    Serial.print(":");
    Serial.print(mac[2], HEX);
    Serial.print(":");
    Serial.print(mac[3], HEX);
    Serial.print(":");
    Serial.print(mac[4], HEX);
```

```
      Serial.print(":");
      Serial.println(mac[5], HEX);
}


String GetMacAddress() {
    // the MAC address of your WiFi shield
    String Tmp = "" ;
    byte mac[6];

    // print your MAC address:
    WiFi.macAddress(mac);
    for (int i=0; i<6; i++)
        {
             Tmp.concat(print2HEX(mac[i])) ;
        }
        Tmp.toUpperCase() ;
    return Tmp ;
}


String    print2HEX(int number) {
    String ttt ;
    if (number >= 0 && number < 16)
    {
        ttt = String("0") + String(number,HEX);
    }
    else
    {
        ttt = String(number,HEX);
    }
    return ttt ;
}

void listNetworks() {
    // scan for nearby networks:
    Serial.println("** Scan Networks **");
```

```
    int numSsid = WiFi.scanNetworks();
    if (numSsid == -1)
    {
        Serial.println("Couldn't get a wifi connection");
        while (true);
    }

    // print the list of networks seen:
    Serial.print("number of available networks:");
    Serial.println(numSsid);

    // print the network number and name for each network found:
    for (int thisNet = 0; thisNet < numSsid; thisNet++) {
        Serial.print(thisNet);
        Serial.print(") ");
        Serial.print(WiFi.SSID(thisNet));
        Serial.print("\tSignal: ");
        Serial.print(WiFi.RSSI(thisNet));
        Serial.print(" dBm");
        Serial.print("\tEncryption: ");
        printEncryptionType(WiFi.encryptionType(thisNet));
        Serial.flush();
    }
}

void printEncryptionType(int thisType) {
    // read the encryption type and print out the name:
    switch (thisType) {
        case ENC_TYPE_WEP:
            Serial.println("WEP");
            break;
        case ENC_TYPE_TKIP:
            Serial.println("WPA");
            break;
        case ENC_TYPE_CCMP:
            Serial.println("WPA2");
            break;
        case ENC_TYPE_NONE:
```

```
      Serial.println("None");
      break;
   case ENC_TYPE_AUTO:
      Serial.println("Auto");
      break;
   }
}
```

程式碼：https://github.com/brucetsao/Industry4_Gateway

如下圖所示，讀者可以看到本次實驗-掃描熱點測試程式結果畫面。

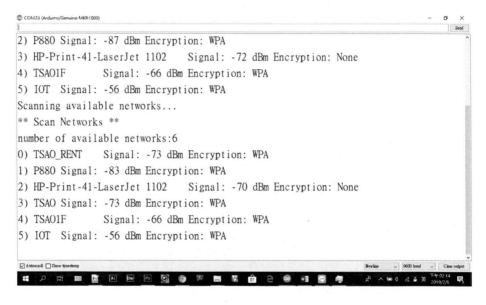

圖 32　掃描熱點測試程式結果畫面

掃描熱點進階資訊

首先，如下圖所示，只要將 Arduino MKR1000 插上 MicroUSB 線，將該線差到開發用的電腦就可以了。

圖 33 Arduino MKR1000

　　我們遵照前幾章所述，將 Arduino 開發板的驅動程式安裝好之後，我們打開 Arduino 開發板的開發工具：Sketch IDE 整合開發軟體，攢寫一段程式，如下表所示之掃描熱點進階資訊測試程式，我們就可以讓 Arduino MKR1000 開發板找出自己的附近熱點。

表 8 掃描熱點進階資訊測試程式

掃描熱點進階資訊測試程式(ScanNetworksAdvanced_MKR1000)
/* This example　prints the WiFi 101 shield or MKR1000 MAC address, and scans for available WiFi networks using the WiFi 101 shield or MKR1000 board. Every ten seconds, it scans again. It doesn't actually connect to any network, so no encryption scheme is specified. BSSID and WiFi channel are printed Circuit: 　WiFi 101 shield attached or MKR1000 board This example is based on ScanNetworks created 1 Mar 2017

```
   by Arturo Guadalupi
*/


#include <SPI.h>
#include <WiFi101.h>

void setup() {
   //Initialize serial and wait for port to open:
   Serial.begin(9600);
   while (!Serial) {
      ; // wait for serial port to connect. Needed for native USB port only
   }

   // check for the presence of the shield:
   if (WiFi.status() == WL_NO_SHIELD) {
      Serial.println("WiFi shield not present");
      // don't continue:
      while (true);
   }

   // Print WiFi MAC address:
   printMacAddress();

   // scan for existing networks:
   Serial.println();
   Serial.println("Scanning available networks...");
   listNetworks();
}

void loop() {
   delay(10000);
   // scan for existing networks:
   Serial.println("Scanning available networks...");
   listNetworks();
}

void printMacAddress() {
```

```
// the MAC address of your WiFi shield
byte mac[6];

// print your MAC address:
WiFi.macAddress(mac);
Serial.print("MAC: ");
print2Digits(mac[5]);
Serial.print(":");
print2Digits(mac[4]);
Serial.print(":");
print2Digits(mac[3]);
Serial.print(":");
print2Digits(mac[2]);
Serial.print(":");
print2Digits(mac[1]);
Serial.print(":");
print2Digits(mac[0]);
}

void listNetworks() {
  // scan for nearby networks:
  Serial.println("** Scan Networks **");
  int numSsid = WiFi.scanNetworks();
  if (numSsid == -1)
  {
      Serial.println("Couldn't get a WiFi connection");
      while (true);
  }

  // print the list of networks seen:
  Serial.print("number of available networks: ");
  Serial.println(numSsid);

  // print the network number and name for each network found:
  for (int thisNet = 0; thisNet < numSsid; thisNet++) {
      Serial.print(thisNet + 1);
      Serial.print(") ");
      Serial.print("Signal: ");
```

```
        Serial.print(WiFi.RSSI(thisNet));
        Serial.print(" dBm");
        Serial.print("\tChannel: ");
        Serial.print(WiFi.channel(thisNet));
        byte bssid[6];
        Serial.print("\t\tBSSID: ");
        printBSSID(WiFi.BSSID(thisNet, bssid));
        Serial.print("\tEncryption: ");
        printEncryptionType(WiFi.encryptionType(thisNet));
        Serial.print("\t\tSSID: ");
        Serial.println(WiFi.SSID(thisNet));
        Serial.flush();
    }
    Serial.println();
}

void printBSSID(byte bssid[]) {
    print2Digits(bssid[5]);
    Serial.print(":");
    print2Digits(bssid[4]);
    Serial.print(":");
    print2Digits(bssid[3]);
    Serial.print(":");
    print2Digits(bssid[2]);
    Serial.print(":");
    print2Digits(bssid[1]);
    Serial.print(":");
    print2Digits(bssid[0]);
}

void printEncryptionType(int thisType) {
    // read the encryption type and print out the name:
    switch (thisType) {
        case ENC_TYPE_WEP:
            Serial.print("WEP");
            break;
        case ENC_TYPE_TKIP:
            Serial.print("WPA");
```

```
        break;
      case ENC_TYPE_CCMP:
        Serial.print("WPA2");
        break;
      case ENC_TYPE_NONE:
        Serial.print("None");
        break;
      case ENC_TYPE_AUTO:
        Serial.print("Auto");
        break;
    }
}

void print2Digits(byte thisByte) {
  if (thisByte < 0xF) {
    Serial.print("0");
  }
  Serial.print(thisByte, HEX);
}
```

程式碼：https://github.com/brucetsao/Industry4_Gateway

如下圖所示，讀者可以看到本次實驗-掃描熱點進階資訊測試程式結果畫面。

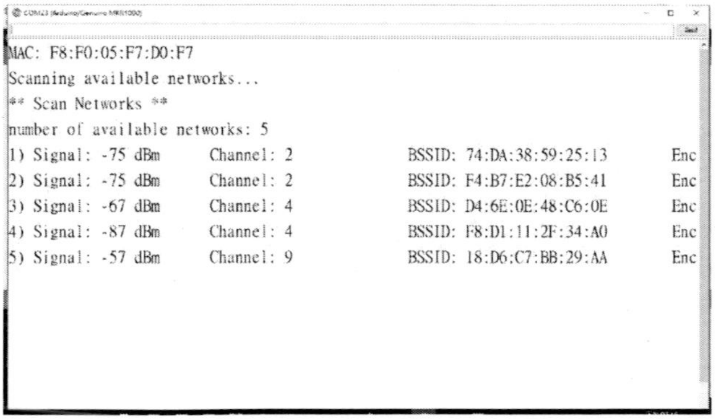

圖 34　掃描熱點進階資訊測試程式結果畫面

掃描開發版韌體版本

首先，如下圖所示，只要將 Arduino MKR1000 插上 MicroUSB 線，將該線差到開發用的電腦就可以了。

圖 35 Arduino MKR1000

我們遵照前幾章所述，將 Arduino 開發板的驅動程式安裝好之後，我們打開 Arduino 開發板的開發工具：Sketch IDE 整合開發軟體，攥寫一段程式，如下表所示之掃描開發版韌體版本，我們就可以讓 Arduino MKR1000 開發板找出自己的韌體版本。

表 9 掃描開發版韌體版本測試程式

掃描開發版韌體版本測試程式(CheckWifi101FirmwareVersion_MKR1000)

#include <SPI.h>
#include <WiFi101.h>
#include <driver/source/nmasic.h>
 	
void setup() {
  // Initialize serial

```
Serial.begin(9600);
while (!Serial) {
    ; // wait for serial port to connect. Needed for native USB port only
}

// Print a welcome message
Serial.println("WiFi101 firmware check.");
Serial.println();

// Check for the presence of the shield
Serial.print("WiFi101 shield: ");
if (WiFi.status() == WL_NO_SHIELD) {
    Serial.println("NOT PRESENT");
    return; // don't continue
}
Serial.println("DETECTED");

// Print firmware version on the shield
String fv = WiFi.firmwareVersion();
String latestFv;
Serial.print("Firmware version installed: ");
Serial.println(fv);

if (REV(GET_CHIPID()) >= REV_3A0) {
    // model B
    latestFv = WIFI_FIRMWARE_LATEST_MODEL_B;
} else {
    // model A
    latestFv = WIFI_FIRMWARE_LATEST_MODEL_A;
}

// Print required firmware version
Serial.print("Latest firmware version available : ");
Serial.println(latestFv);

// Check if the latest version is installed
Serial.println();
if (fv == latestFv) {
```

```
      Serial.println("Check result: PASSED");
   } else {
   Serial.println("Check result: NOT PASSED");
   Serial.println(" - The firmware version on the shield do not match the");
   Serial.println("    version required by the library, you may experience");
   Serial.println("    issues or failures.");
   }
}

void loop() {
   // do nothing
}
```

如下圖所示，讀者可以看到本次實驗-掃描開發版韌體版本測試程式結果畫面

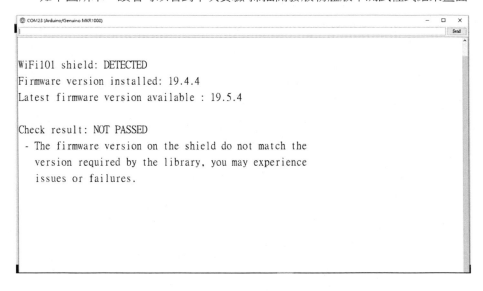

圖 36　掃描開發版韌體版本測試程式結果畫面

更新韌體

　　首先，如下圖所示，只要將 Arduino MKR1000 插上 MicroUSB 線，將該線差到開發用的電腦就可以了。

圖 37 Arduino MKR1000

　　我們遵照前幾章所述，將 Arduino 開發板的驅動程式安裝好之後，我們打開 Arduino 開發板的開發工具：Sketch IDE 整合開發軟體，攥寫一段程式，如下表所示之更新韌體程式，我們就可以進行 Arduino MKR1000 開發板韌體更新的程序。

表 10 掃描ＭＡＣ位址測試程式

更新韌體程式(FirmwareUpdater_MKR1000)
/* FirmwareUpdate.h - Firmware Updater for WiFi101 / WINC1500. Copyright (c) 2015 Arduino LLC.　All right reserved. This library is free software; you can redistribute it and/or modify it under the terms of the GNU Lesser General Public License as published by the Free Software Foundation; either version 2.1 of the License, or (at your option) any later version. This library is distributed in the hope that it will be useful,

```cpp
#include <WiFi101.h>
#include <spi_flash/include/spi_flash.h>

typedef struct __attribute__((__packed__)) {
    uint8_t command;
    uint32_t address;
    uint32_t arg1;
    uint16_t payloadLength;

    // payloadLenght bytes of data follows...
} UartPacket;

static const int MAX_PAYLOAD_SIZE = 1024;

#define CMD_READ_FLASH          0x01
#define CMD_WRITE_FLASH         0x02
#define CMD_ERASE_FLASH         0x03
#define CMD_MAX_PAYLOAD_SIZE    0x50
#define CMD_HELLO               0x99

void setup() {
    Serial.begin(115200);

    nm_bsp_init();
    if (m2m_wifi_download_mode() != M2M_SUCCESS) {
        Serial.println(F("Failed to put the WiFi module in download mode"));
        while (true)

            ;
```

```
    }
}

void receivePacket(UartPacket *pkt, uint8_t *payload) {
    // Read command
    uint8_t *p = reinterpret_cast<uint8_t *>(pkt);
    uint16_t l = sizeof(UartPacket);
    while (l > 0) {
        int c = Serial.read();
        if (c == -1)
            continue;
        *p++ = c;
        l--;
    }

    // Convert parameters from network byte order to cpu byte order
    pkt->address = fromNetwork32(pkt->address);
    pkt->arg1 = fromNetwork32(pkt->arg1);
    pkt->payloadLength = fromNetwork16(pkt->payloadLength);

    // Read payload
    l = pkt->payloadLength;
    while (l > 0) {
        int c = Serial.read();
        if (c == -1)
            continue;
        *payload++ = c;
        l--;
    }
}

// Allocated statically so the compiler can tell us
// about the amount of used RAM
static UartPacket pkt;
static uint8_t payload[MAX_PAYLOAD_SIZE];

void loop() {
    receivePacket(&pkt, payload);
```

```
if (pkt.command == CMD_HELLO) {
  if (pkt.address == 0x11223344 && pkt.arg1 == 0x55667788)
    Serial.print("v10000");
}


if (pkt.command == CMD_MAX_PAYLOAD_SIZE) {
  uint16_t res = toNetwork16(MAX_PAYLOAD_SIZE);
  Serial.write(reinterpret_cast<uint8_t *>(&res), sizeof(res));
}


if (pkt.command == CMD_READ_FLASH) {
  uint32_t address = pkt.address;
  uint32_t len = pkt.arg1;
  if (spi_flash_read(payload, address, len) != M2M_SUCCESS) {
    Serial.println("ER");
  } else {
    Serial.write(payload, len);
    Serial.print("OK");
  }
}


if (pkt.command == CMD_WRITE_FLASH) {
  uint32_t address = pkt.address;
  uint32_t len = pkt.payloadLength;
  if (spi_flash_write(payload, address, len) != M2M_SUCCESS) {
    Serial.print("ER");
  } else {
    Serial.print("OK");
  }
}


if (pkt.command == CMD_ERASE_FLASH) {
  uint32_t address = pkt.address;
  uint32_t len = pkt.arg1;
  if (spi_flash_erase(address, len) != M2M_SUCCESS) {
    Serial.print("ER");
  } else {
```

```
      Serial.print("OK");
    }
  }
}
```

更新韌體程式(Endianess)

```
/*
  Endianess.ino - Network byte order conversion functions.
  Copyright (c) 2015 Arduino LLC.    All right reserved.

  This library is free software; you can redistribute it and/or
  modify it under the terms of the GNU Lesser General Public
  License as published by the Free Software Foundation; either
  version 2.1 of the License, or (at your option) any later version.

  This library is distributed in the hope that it will be useful,
  but WITHOUT ANY WARRANTY; without even the implied warranty of
  MERCHANTABILITY or FITNESS FOR A PARTICULAR PURPOSE.    See the
GNU
  Lesser General Public License for more details.

  You should have received a copy of the GNU Lesser General Public
  License along with this library; if not, write to the Free Software
  Foundation, Inc., 51 Franklin St, Fifth Floor, Boston, MA    02110-1301    USA
*/


bool isBigEndian() {
  uint32_t test = 0x11223344;
  uint8_t *pTest = reinterpret_cast<uint8_t *>(&test);
  return pTest[0] == 0x11;
}

uint32_t fromNetwork32(uint32_t from) {
  static const bool be = isBigEndian();
  if (be) {
    return from;
  } else {
```

```
        uint8_t *pFrom = reinterpret_cast<uint8_t *>(&from);
        uint32_t to;
        to = pFrom[0]; to <<= 8;
        to |= pFrom[1]; to <<= 8;
        to |= pFrom[2]; to <<= 8;
        to |= pFrom[3];
        return to;
    }
}

uint16_t fromNetwork16(uint16_t from) {
    static bool be = isBigEndian();
    if (be) {
        return from;
    } else {
        uint8_t *pFrom = reinterpret_cast<uint8_t *>(&from);
        uint16_t to;
        to = pFrom[0]; to <<= 8;
        to |= pFrom[1];
        return to;
    }
}

uint32_t toNetwork32(uint32_t to) {
    return fromNetwork32(to);
}

uint16_t toNetwork16(uint16_t to) {
    return fromNetwork16(to);
}
```

程式碼：https://github.com/brucetsao/Industry4_Gateway

如下圖所示，讀者可以看到本次實驗-更新韌體之後，我們先將程式上傳完畢
後。

MAC: (F7D0F705F0F8)
MAC: (F7D0F705F0F8)
MAC: (F7D0F705F0F8)
MAC: (F7D0F705F0F8)
MAC: (F7D0F705F0F8)
MAC: (F7D0F705F0F8)
MAC: (F7D0F705F0F8)
MAC: (F7D0F705F0F8)
MAC: (F7D0F705F0F8)
MAC: (F7D0F705F0F8)
MAC: (F7D0F705F0F8)
MAC: (F7D0F705F0F8)
MAC: (F7D0F705F0F8)

圖 38　上傳韌體更新程式畫面

接下來如下圖所示，我們啟動更新工具畫面。

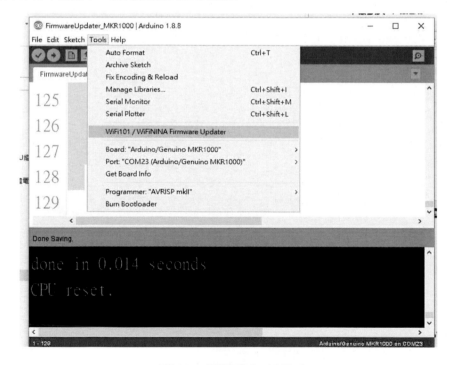

圖 39　啟動更新工具畫面

接下來如下圖所示，我們進入韌體更新工具畫面。

圖 40　韌體更新工具畫面

接下來如下圖所示，我們必須先行更新通訊埠。

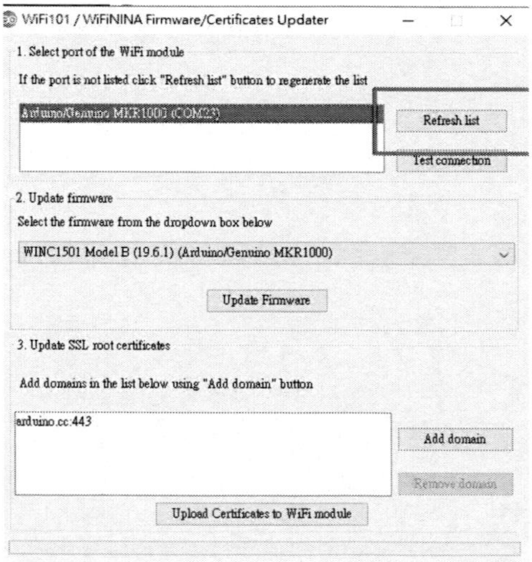

圖 41　更新通訊埠

接下來如下圖所示，我們啟動更新韌體。

圖 42　啟動更新韌體

接下來如下圖所示，我們看到韌體更新完畢畫面

圖 43　韌體更新完畢

接下來如下圖所示，我們看到更新 SSL 畫面

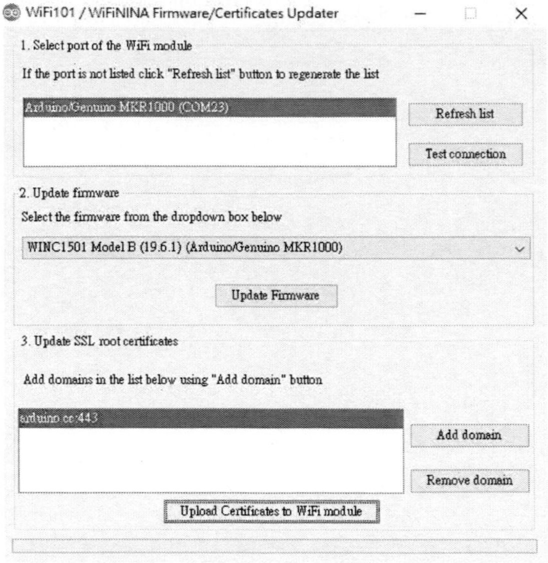

圖 44　更新 SSL 畫面

接下來如下圖所示，我們選擇 SSL 版本

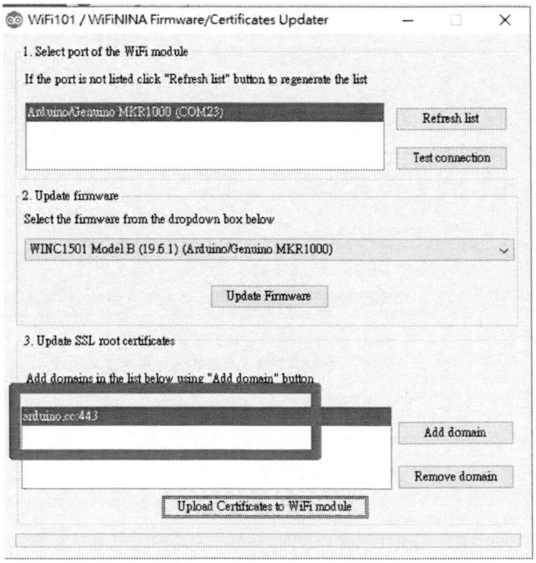

圖 45　選擇 SSL 版本

接下來如下圖所示，我們開始更新 SSL

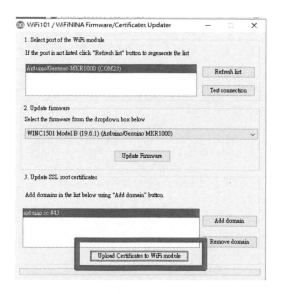

圖 46　開始更新 SSL 畫面

接下來如下圖所示，我們看到更新 SSL 韌體中畫面

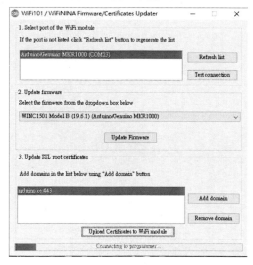

圖 47　更新 SSL 韌體中

接下來如下圖所示，我們看到完成更新 SSL 畫面

圖 48　完成更新 SSL 畫面

Ping 主機

首先，如下圖所示，只要將 Arduino MKR1000 插上 MicroUSB 線，將該線差到開發用的電腦就可以了。

圖 49 Arduino MKR1000

我們遵照前幾章所述，將 Arduino 開發板的驅動程式安裝好之後，我們打開 Arduino 開發板的開發工具：Sketch IDE 整合開發軟體，攥寫一段程式，如下表所

示之 Ping 主機測試程式，我們就可以讓 Arduino MKR1000 開發板找出 Ping 到某台

主機。

表 11 Ping 主機測試程式

Ping 主機測試程式(WiFiPing_MKR1000)

```
#include <SPI.h>
#include <WiFi101.h>

#include "arduino_secrets.h"
///////please enter your sensitive data in the Secret tab/arduino_secrets.h
char ssid[] = SECRET_SSID;          // your network SSID (name)
char pass[] = SECRET_PASS;       // your network password (use for WPA, or use as
key for WEP)
int status = WL_IDLE_STATUS;         // the WiFi radio's status

// Specify IP address or hostname
String hostName = "www.google.com";
int pingResult;

void setup() {
  // Initialize serial and wait for port to open:
  Serial.begin(9600);
  while (!Serial) {
    ; // wait for serial port to connect. Needed for native USB port only
  }

  // check for the presence of the shield:
  if (WiFi.status() == WL_NO_SHIELD) {
    Serial.println("WiFi shield not present");
    // don't continue:
    while (true);
  }

  // attempt to connect to WiFi network:
  while ( status != WL_CONNECTED) {
    Serial.print("Attempting to connect to WPA SSID: ");
```

```
    Serial.println(ssid);
    // Connect to WPA/WPA2 network:
    status = WiFi.begin(ssid, pass);

    // wait 5 seconds for connection:
    delay(5000);
  }

  // you're connected now, so print out the data:
  Serial.println("You're connected to the network");
  printCurrentNet();
  printWiFiData();
}

void loop() {
  Serial.print("Pinging ");
  Serial.print(hostName);
  Serial.print(": ");

  pingResult = WiFi.ping(hostName);

  if (pingResult >= 0) {
    Serial.print("SUCCESS! RTT = ");
    Serial.print(pingResult);
    Serial.println(" ms");
  } else {
    Serial.print("FAILED! Error code: ");
    Serial.println(pingResult);
  }

  delay(5000);
}

void printWiFiData() {
  // print your WiFi shield's IP address:
  IPAddress ip = WiFi.localIP();
  Serial.print("IP address : ");
  Serial.println(ip);
```

```
Serial.print("Subnet mask: ");
Serial.println((IPAddress)WiFi.subnetMask());

Serial.print("Gateway IP : ");
Serial.println((IPAddress)WiFi.gatewayIP());

// print your MAC address:
byte mac[6];
WiFi.macAddress(mac);
Serial.print("MAC address: ");
Serial.print(mac[5], HEX);
Serial.print(":");
Serial.print(mac[4], HEX);
Serial.print(":");
Serial.print(mac[3], HEX);
Serial.print(":");
Serial.print(mac[2], HEX);
Serial.print(":");
Serial.print(mac[1], HEX);
Serial.print(":");
Serial.println(mac[0], HEX);
Serial.println();
}

void printCurrentNct() {
// print the SSID of the network you're attached to:
Serial.print("SSID: ");
Serial.println(WiFi.SSID());

// print the MAC address of the router you're attached to:
byte bssid[6];
WiFi.BSSID(bssid);
Serial.print("BSSID: ");
Serial.print(bssid[5], HEX);
Serial.print(":");
Serial.print(bssid[4], HEX);
Serial.print(":");
```

```
Serial.print(bssid[3], HEX);
Serial.print(":");
Serial.print(bssid[2], HEX);
Serial.print(":");
Serial.print(bssid[1], HEX);
Serial.print(":");
Serial.println(bssid[0], HEX);

// print the received signal strength:
long rssi = WiFi.RSSI();
Serial.print("signal strength (RSSI): ");
Serial.println(rssi);

// print the encryption type:
byte encryption = WiFi.encryptionType();
Serial.print("Encryption Type: ");
Serial.println(encryption, HEX);
Serial.println();
}
```

程式碼：https://github.com/brucetsao/Industry4_Gateway

如下圖所示，讀者可以看到本次實驗-Ping 主機測試程式。

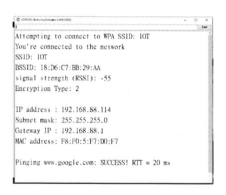

圖 50　Ping 主機測試程式結果畫面

連接熱點(無密碼)

　　首先，如下圖所示，只要將 Arduino MKR1000 插上 MicroUSB 線，將該線差到
開發用的電腦就可以了。

圖 51 Arduino MKR1000

　　我們遵照前幾章所述，將 Arduino 開發板的驅動程式安裝好之後，我們打開
Arduino 開發板的開發工具：Sketch IDE 整合開發軟體，攥寫一段程式，如下表所
示之使用無密碼的熱點連線測試程式，我們就可以讓 Arduino MKR1000 開發板連上
熱點。

表 12 使用無密碼的熱點連線測試程式

使用無密碼的熱點連線測試程式(ConnectNoEncryption_MKR1000)

#include <SPI.h>
#include <WiFi101.h>
#include "arduino_secrets.h"
///////please enter your sensitive data in the Secret tab/arduino_secrets.h
char ssid[] = SECRET_SSID;　　　　// your network SSID (name)
int status = WL_IDLE_STATUS;　　　// the WiFi radio's status
 	
void setup() {
　//Initialize serial and wait for port to open:
　Serial.begin(9600);

```
    while (!Serial) {
        ; // wait for serial port to connect. Needed for native USB port only
    }

    // check for the presence of the shield:
    if (WiFi.status() == WL_NO_SHIELD) {
        Serial.println("WiFi shield not present");
        // don't continue:
        while (true);
    }

    // attempt to connect to WiFi network:
    while ( status != WL_CONNECTED) {
        Serial.print("Attempting to connect to open SSID: ");
        Serial.println(ssid);
        status = WiFi.begin(ssid);

        // wait 10 seconds for connection:
        delay(10000);
    }

    // you're connected now, so print out the data:
    Serial.print("You're connected to the network");
    printCurrentNet();
    printWiFiData();
}

void loop() {
    // check the network connection once every 10 seconds:
    delay(10000);
    printCurrentNet();
}

void printWiFiData() {
    // print your WiFi shield's IP address:
    IPAddress ip = WiFi.localIP();
    Serial.print("IP Address: ");
    Serial.println(ip);
```

```
    Serial.println(ip);

    // print your MAC address:
    byte mac[6];
    WiFi.macAddress(mac);
    Serial.print("MAC address: ");
    Serial.print(mac[5], HEX);
    Serial.print(":");
    Serial.print(mac[4], HEX);
    Serial.print(":");
    Serial.print(mac[3], HEX);
    Serial.print(":");
    Serial.print(mac[2], HEX);
    Serial.print(":");
    Serial.print(mac[1], HEX);
    Serial.print(":");
    Serial.println(mac[0], HEX);

    // print your subnet mask:
    IPAddress subnet = WiFi.subnetMask();
    Serial.print("NetMask: ");
    Serial.println(subnet);

    // print your gateway address:
    IPAddress gateway = WiFi.gatewayIP();
    Serial.print("Gateway: ");
    Serial.println(gateway);
}

void printCurrentNet() {
    // print the SSID of the network you're attached to:
    Serial.print("SSID: ");
    Serial.println(WiFi.SSID());

    // print the MAC address of the router you're attached to:
    byte bssid[6];
    WiFi.BSSID(bssid);
    Serial.print("BSSID: ");
```

```
Serial.print(bssid[5], HEX);
Serial.print(":");
Serial.print(bssid[4], HEX);
Serial.print(":");
Serial.print(bssid[3], HEX);
Serial.print(":");
Serial.print(bssid[2], HEX);
Serial.print(":");
Serial.print(bssid[1], HEX);
Serial.print(":");
Serial.println(bssid[0], HEX);

// print the received signal strength:
long rssi = WiFi.RSSI();
Serial.print("signal strength (RSSI):");
Serial.println(rssi);

// print the encryption type:
byte encryption = WiFi.encryptionType();
Serial.print("Encryption Type:");
Serial.println(encryption, HEX);
}
```

程式碼：https://github.com/brucetsao/Industry4_Gateway

　　如下圖所示，讀者可以看到本次實驗-使用無密碼的熱點連線測試程式結果畫
面。

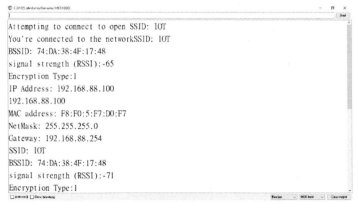

- 94 -

圖 52　使用無密碼的熱點連線測試程式結果畫面

連接熱點(WPA)

　　首先，如下圖所示，只要將 Arduino MKR1000 插上 MicroUSB 線，將該線差到開發用的電腦就可以了。

圖 53 Arduino MKR1000

　　我們遵照前幾章所述，將 Arduino 開發板的驅動程式安裝好之後，我們打開 Arduino 開發板的開發工具：Sketch IDE 整合開發軟體，攜寫一段程式，如下表所示之使用 WPA 密碼的熱點連線測試程式，我們就可以讓 Arduino MKR1000 開發板連上熱點。

表 13 使用 WPA 密碼的熱點連線測試程式

使用 WPA 密碼的熱點連線測試程式(ConnectWithWPA_MKR1000)
#include <SPI.h> #include <WiFi101.h> #include "arduino_secrets.h" ///////please enter your sensitive data in the Secret tab/arduino_secrets.h char ssid[] = SECRET_SSID;　　　　// your network SSID (name) char pass[] = SECRET_PASS;　　　// your network password (use for WPA, or use as key for WEP)

```
int status = WL_IDLE_STATUS;        // the WiFi radio's status

void setup() {
  //Initialize serial and wait for port to open:
  Serial.begin(9600);
  while (!Serial) {
    ; // wait for serial port to connect. Needed for native USB port only
  }

  // check for the presence of the shield:
  if (WiFi.status() == WL_NO_SHIELD) {
    Serial.println("WiFi shield not present");
    // don't continue:
    while (true);
  }

  // attempt to connect to WiFi network:
  while ( status != WL_CONNECTED) {
    Serial.print("Attempting to connect to WPA SSID: ");
    Serial.println(ssid);
    // Connect to WPA/WPA2 network:
    status = WiFi.begin(ssid, pass);

    // wait 10 seconds for connection:
    delay(10000);
  }

  // you're connected now, so print out the data:
  Serial.print("You're connected to the network");
  printCurrentNet();
  printWiFiData();

}

void loop() {
  // check the network connection once every 10 seconds:
  delay(10000);
  printCurrentNet();
```

```
}

void printWiFiData() {
  // print your WiFi shield's IP address:
  IPAddress ip = WiFi.localIP();
  Serial.print("IP Address: ");
  Serial.println(ip);
  Serial.println(ip);

  // print your MAC address:
  byte mac[6];
  WiFi.macAddress(mac);
  Serial.print("MAC address: ");
  Serial.print(mac[5], HEX);
  Serial.print(":");
  Serial.print(mac[4], HEX);
  Serial.print(":");
  Serial.print(mac[3], HEX);
  Serial.print(":");
  Serial.print(mac[2], HEX);
  Serial.print(":");
  Serial.print(mac[1], HEX);
  Serial.print(":");
  Serial.println(mac[0], HEX);

}

void printCurrentNet() {
  // print the SSID of the network you're attached to:
  Serial.print("SSID: ");
  Serial.println(WiFi.SSID());

  // print the MAC address of the router you're attached to:
  byte bssid[6];
  WiFi.BSSID(bssid);
  Serial.print("BSSID: ");
  Serial.print(bssid[5], HEX);
  Serial.print(":");
```

```
Serial.print(bssid[4], HEX);
Serial.print(":");
Serial.print(bssid[3], HEX);
Serial.print(":");
Serial.print(bssid[2], HEX);
Serial.print(":");
Serial.print(bssid[1], HEX);
Serial.print(":");
Serial.println(bssid[0], HEX);

// print the received signal strength:
long rssi = WiFi.RSSI();
Serial.print("signal strength (RSSI):");
Serial.println(rssi);

// print the encryption type:
byte encryption = WiFi.encryptionType();
Serial.print("Encryption Type:");
Serial.println(encryption, HEX);
Serial.println();
}
```

程式碼：https://github.com/brucetsao/Industry4_Gateway

　　如下圖所示，讀者可以看到本次實驗-使用 WPA 密碼的熱點連線測試程式結果畫面。

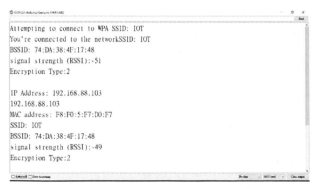

圖 54　使用 WPA 密碼的熱點連線測試程式結果畫面

連接熱點(WEP)

首先，如下圖所示，只要將 Arduino MKR1000 插上 MicroUSB 線，將該線差到開發用的電腦就可以了。

圖 55 Arduino MKR1000

我們遵照前幾章所述，將 Arduino 開發板的驅動程式安裝好之後，我們打開 Arduino 開發板的開發工具：Sketch IDE 整合開發軟體，攢寫一段程式，如下表所示之使用 WEP 密碼的熱點連線測試程式，我們就可以讓 Arduino MKR1000 開發板連上熱點。

表 14 使用 WEP 密碼的熱點連線測試程式

使用 WEP 密碼的熱點連線測試程式(ConnectWithWPA_MKR1000)
``#include <SPI.h>
#include <WiFi101.h>

#include "arduino_secrets.h"
///////please enter your sensitive data in the Secret tab/arduino_secrets.h
char ssid[] = SECRET_SSID;   // your network SSID (name)
char key[] = SECRET_PASS;   // your network password (use for WPA, or use as
key for WEP)
int keyIndex = 0;   // your network key Index
number
int status = WL_IDLE_STATUS;   // the WiFi radio's status``` |

```
void setup() {
    //Initialize serial and wait for port to open:
    Serial.begin(9600);
    while (!Serial) {
        ; // wait for serial port to connect. Needed for native USB port only
    }

    // check for the presence of the shield:
    if (WiFi.status() == WL_NO_SHIELD) {
        Serial.println("WiFi shield not present");
        // don't continue:
        while (true);
    }

    // attempt to connect to WiFi network:
    while ( status != WL_CONNECTED) {
        Serial.print("Attempting to connect to WEP network, SSID: ");
        Serial.println(ssid);
        status = WiFi.begin(ssid, keyIndex, key);

        // wait 10 seconds for connection:
        delay(10000);
    }

    // once you are connected :
    Serial.print("You're connected to the network");
    printCurrentNet();
    printWiFiData();
}

void loop() {
    // check the network connection once every 10 seconds:
    delay(10000);
    printCurrentNet();
}

void printWiFiData() {
```

```
// print your WiFi shield's IP address:
IPAddress ip = WiFi.localIP();
Serial.print("IP Address: ");
Serial.println(ip);
Serial.println(ip);

// print your MAC address:
byte mac[6];
WiFi.macAddress(mac);
Serial.print("MAC address: ");
Serial.print(mac[5], HEX);
Serial.print(":");
Serial.print(mac[4], HEX);
Serial.print(":");
Serial.print(mac[3], HEX);
Serial.print(":");
Serial.print(mac[2], HEX);
Serial.print(":");
Serial.print(mac[1], HEX);
Serial.print(":");
Serial.println(mac[0], HEX);
}

void printCurrentNet() {
// print the SSID of the network you're attached to:
Serial.print("SSID: ");
Serial.println(WiFi.SSID());

// print the MAC address of the router you're attached to:
byte bssid[6];
WiFi.BSSID(bssid);
Serial.print("BSSID: ");
Serial.print(bssid[5], HEX);
Serial.print(":");
Serial.print(bssid[4], HEX);
Serial.print(":");
Serial.print(bssid[3], HEX);
Serial.print(":");
```

```
Serial.print(bssid[2], HEX);
Serial.print(":");
Serial.print(bssid[1], HEX);
Serial.print(":");
Serial.println(bssid[0], HEX);

// print the received signal strength:
long rssi = WiFi.RSSI();
Serial.print("signal strength (RSSI):");
Serial.println(rssi);

// print the encryption type:
byte encryption = WiFi.encryptionType();
Serial.print("Encryption Type:");
Serial.println(encryption, HEX);
Serial.println();
}
```

程式碼：https://github.com/brucetsao/Industry4_Gateway

　　如下圖所示，讀者可以看到本次實驗-使用 WEP 密碼的熱點連線測試程式結果畫面。

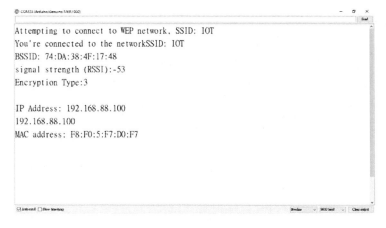

圖 56　使用 WEP 密碼的熱點連線測試程式結果畫面

建立簡單熱點專用之網頁伺服器

首先，如下圖所示，只要將 Arduino MKR1000 插上 MicroUSB 線，將該線差到開發用的電腦就可以了。

圖 57 Arduino MKR1000

我們遵照前幾章所述，將 Arduino 開發板的驅動程式安裝好之後，我們打開 Arduino 開發板的開發工具：Sketch IDE 整合開發軟體，攥寫一段程式，如下表所示之建立簡單熱點專用之網頁伺服器，我們就可以讓 Arduino MKR1000 開發板建立一個熱點中心，並在熱點中心建立一個簡單的網頁伺服器，進行 GPIO 的讀寫控制。

表 15 建立簡單熱點專用之網頁伺服器

建立簡單熱點專用之網頁伺服器(ScanMAC_MKR1000)

#include <SPI.h>
#include <WiFi101.h>
#include "arduino_secrets.h"
///////please enter your sensitive data in the Secret tab/arduino_secrets.h
char ssid[] = SECRET_SSID;   // your network SSID (name)
char pass[] = SECRET_PASS;   // your network password (use for WPA, or use as key for WEP)
int keyIndex = 0;   // your network key Index number (needed only for WEP)
 	
int led = LED_BUILTIN;
int status = WL_IDLE_STATUS;

```
WiFiServer server(80);

void setup() {
    //Initialize serial and wait for port to open:
    Serial.begin(9600);
    while (!Serial) {
        ; // wait for serial port to connect. Needed for native USB port only
    }

    Serial.println("Access Point Web Server");

    pinMode(led, OUTPUT);          // set the LED pin mode

    // check for the presence of the shield:
    if (WiFi.status() == WL_NO_SHIELD) {
        Serial.println("WiFi shield not present");
        // don't continue
        while (true);
    }

    // by default the local IP address of will be 192.168.1.1
    // you can override it with the following:
    // WiFi.config(IPAddress(10, 0, 0, 1));

    // print the network name (SSID);
    Serial.print("Creating access point named: ");
    Serial.println(ssid);

    // Create open network. Change this line if you want to create an WEP network:
    status = WiFi.beginAP(ssid);
    if (status != WL_AP_LISTENING) {
        Serial.println("Creating access point failed");
        // don't continue
        while (true);
    }

    // wait 10 seconds for connection:
    delay(10000);
```

```
  // start the web server on port 80
  server.begin();

  // you're connected now, so print out the status
  printWiFiStatus();
}


void loop() {
  // compare the previous status to the current status
  if (status != WiFi.status()) {
    // it has changed update the variable
    status = WiFi.status();

    if (status == WL_AP_CONNECTED) {
      byte remoteMac[6];

      // a device has connected to the AP
      Serial.print("Device connected to AP, MAC address: ");
      WiFi.APClientMacAddress(remoteMac);
      Serial.print(remoteMac[5], HEX);
      Serial.print(":");
      Serial.print(remoteMac[4], HEX);
      Serial.print(":");
      Serial.print(remoteMac[3], HEX);
      Serial.print(":");
      Serial.print(remoteMac[2], HEX);
      Serial.print(":");
      Serial.print(remoteMac[1], HEX);
      Serial.print(":");
      Serial.println(remoteMac[0], HEX);
    } else {
      // a device has disconnected from the AP, and we are back in listening mode
      Serial.println("Device disconnected from AP");
    }
  }
```

```
    WiFiClient client = server.available();     // listen for incoming clients

  if (client) {                                       // if you get a client,
      Serial.println("new client");                   // print a message out the serial port
      String currentLine = "";                        // make a String to hold incoming data
from the client
      while (client.connected()) {                    // loop while the client's connected
        if (client.available()) {                     // if there's bytes to read from the client,
          char c = client.read();                     // read a byte, then
          Serial.write(c);                            // print it out the serial monitor
          if (c == '\n') {                            // if the byte is a newline character

            // if the current line is blank, you got two newline characters in a row.
            // that's the end of the client HTTP request, so send a response:
            if (currentLine.length() == 0) {
              // HTTP headers always start with a response code (e.g. HTTP/1.1 200
OK)
              // and a content-type so the client knows what's coming, then a blank
line:
              client.println("HTTP/1.1 200 OK");
              client.println("Content-type:text/html");
              client.println();

              // the content of the HTTP response follows the header:
              client.print("Click <a href=\"/H\">here</a> turn the LED on<br>");
              client.print("Click <a href=\"/L\">here</a> turn the LED off<br>");

              // The HTTP response ends with another blank line:
              client.println();
              // break out of the while loop:
              break;
            }
            else {          // if you got a newline, then clear currentLine:
              currentLine = "";
            }
          }
          else if (c != '\r') {     // if you got anything else but a carriage return charac-
ter,
```

```
            currentLine += c;          // add it to the end of the currentLine
        }

        // Check to see if the client request was "GET /H" or "GET /L":
        if (currentLine.endsWith("GET /H")) {
            digitalWrite(led, HIGH);                  // GET /H turns the LED on
        }
        if (currentLine.endsWith("GET /L")) {
            digitalWrite(led, LOW);                   // GET /L turns the LED off
        }
      }
    }
    // close the connection:
    client.stop();
    Serial.println("client disconnected");
  }
}

void printWiFiStatus() {
  // print the SSID of the network you're attached to:
  Serial.print("SSID: ");
  Serial.println(WiFi.SSID());

  // print your WiFi shield's IP address:
  IPAddress ip = WiFi.localIP();
  Serial.print("IP Address: ");
  Serial.println(ip);

  // print the received signal strength:
  long rssi = WiFi.RSSI();
  Serial.print("signal strength (RSSI):");
  Serial.print(rssi);
  Serial.println(" dBm");
  // print where to go in a browser:
  Serial.print("To see this page in action, open a browser to http://");
  Serial.println(ip);

}
```

如下圖所示，讀者可以看到本次實驗-建立簡單熱點專用之網頁伺服器結果畫面。

首先如下圖所示，先看到開發版建立的熱點，我們先用電腦瀏覽器連到這個熱點。

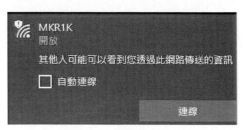

圖 58　連接開發版建立之熱點

首先如下圖所示，我們先用電腦瀏覽器連到這個熱點的網址,預設為：192.168.1.1。

圖 59　連接簡單網站

首先如下圖所示，我們可以看到監控視窗，可以看到有人連入的訊息，並且回應網頁資料給連線端。

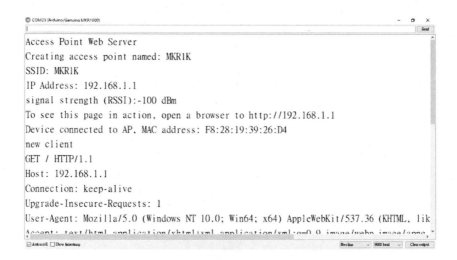

圖 60 監控端回應網頁連線資訊

首先如下圖所示，我們可以用網頁方式開啟開發版 LED。

圖 61 用網頁方式開啟開發版 LED

連接熱點建立簡單網頁伺服器

首先，如下圖所示，只要將 Arduino MKR1000 插上 MicroUSB 線，將該線差到開發用的電腦就可以了。

圖 62 Arduino MKR1000

我們遵照前幾章所述，將 Arduino 開發板的驅動程式安裝好之後，我們打開 Arduino 開發板的開發工具：Sketch IDE 整合開發軟體，攥寫一段程式，如下表所示之連接熱點建立簡單網頁伺服器，我們就可以讓 Arduino MKR1000 開發板連接一個熱點中心，並建立一個簡單的網頁伺服器，進行 GPIO 的讀寫控制。

表 16 連接熱點建立簡單網頁伺服器

連接熱點建立簡單網頁伺服器(SimpleWebServerWiFi_MKR1000)
| ```
#include <SPI.h>
#include <WiFi101.h>

#include "arduino_secrets.h"
////////please enter your sensitive data in the Secret tab/arduino_secrets.h
char ssid[] = SECRET_SSID;            // your network SSID (name)
char pass[] = SECRET_PASS;        // your network password (use for WPA, or use as
key for WEP)
``` |
```

```
int keyIndex = 0;                        // your network key Index number (needed only
for WEP)

int status = WL_IDLE_STATUS;
WiFiServer server(80);

void setup() {
    Serial.begin(9600);          // initialize serial communication
    pinMode(9, OUTPUT);            // set the LED pin mode

    // check for the presence of the shield:
    if (WiFi.status() == WL_NO_SHIELD) {
        Serial.println("WiFi shield not present");
        while (true);            // don't continue
    }

    // attempt to connect to WiFi network:
    while ( status != WL_CONNECTED) {
        Serial.print("Attempting to connect to Network named: ");
        Serial.println(ssid);                         // print the network name (SSID);

        // Connect to WPA/WPA2 network. Change this line if using open or WEP net-
work:
        status = WiFi.begin(ssid, pass);
        // wait 10 seconds for connection:
        delay(10000);
    }
    server.begin();                                   // start the web server on port 80
    printWiFiStatus();                                // you're connected now, so print out
the status
}


void loop() {
    WiFiClient client = server.available();    // listen for incoming clients

    if (client) {                                 // if you get a client,
        Serial.println("new client");            // print a message out the serial port
```

```
    String currentLine = "";                    // make a String to hold incoming data
from the client
    while (client.connected()) {                // loop while the client's connected
      if (client.available()) {                 // if there's bytes to read from the client,
        char c = client.read();                 // read a byte, then
        Serial.write(c);                        // print it out the serial monitor
        if (c == '\n') {                        // if the byte is a newline character


          // if the current line is blank, you got two newline characters in a row.
          // that's the end of the client HTTP request, so send a response:
          if (currentLine.length() == 0) {
            // HTTP headers always start with a response code (e.g. HTTP/1.1 200
OK)
            // and a content-type so the client knows what's coming, then a blank
line:

            client.println("HTTP/1.1 200 OK");
            client.println("Content-type:text/html");
            client.println();


            // the content of the HTTP response follows the header:
            client.print("Click <a href=\"/H\">here</a> turn the LED on pin 9
on<br>");

            client.print("Click <a href=\"/L\">here</a> turn the LED on pin 9
off<br>");


            // The HTTP response ends with another blank line:
            client.println();
            // break out of the while loop:
            break;
          }
          else {          // if you got a newline, then clear currentLine:
            currentLine = "";
          }
        }
        else if (c != '\r') {     // if you got anything else but a carriage return charac-
ter,
          currentLine += c;        // add it to the end of the currentLine
        }
```

```
            // Check to see if the client request was "GET /H" or "GET /L":
            if (currentLine.endsWith("GET /H")) {
                digitalWrite(9, HIGH);                   // GET /H turns the LED on
            }
            if (currentLine.endsWith("GET /L")) {
                digitalWrite(9, LOW);                    // GET /L turns the LED off
            }
        }
    }
    // close the connection:
    client.stop();
    Serial.println("client disonnected");
  }
}

void printWiFiStatus() {
  // print the SSID of the network you're attached to:
  Serial.print("SSID: ");
  Serial.println(WiFi.SSID());

  // print your WiFi shield's IP address:
  IPAddress ip = WiFi.localIP();
  Serial.print("IP Address: ");
  Serial.println(ip);

  // print the received signal strength:
  long rssi = WiFi.RSSI();
  Serial.print("signal strength (RSSI):");
  Serial.print(rssi);
  Serial.println(" dBm");
  // print where to go in a browser:
  Serial.print("To see this page in action, open a browser to http://");
  Serial.println(ip);
}
```

程式碼：https://github.com/brucetsao/Industry4_Gateway

如下圖所示，讀者可以看到本次實驗-連接熱點建立簡單網頁伺服器結果畫面。

首先如下圖所示，先看到開發版連接熱點，我們先用電腦瀏覽器連到這個熱點。

圖 63　連接熱點

首先如下圖所示，我們可以看到監控視窗，可以看到網頁伺服器的網址為：192.168.88.100。

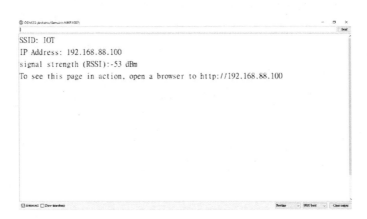

圖 64　連到熱點之監控畫面

首先如下圖所示，我們先用電腦瀏覽器連到上圖所示之網址,預設為：192.168.88.100。

圖 65 連接到建立簡單網頁伺服器

首先如下圖所示，我們可以用網頁方式開啟開發版 LED。

圖 66 用網頁方式開啟開發版 LED(簡單伺服器)

連接熱點建立網頁伺服器

首先，如下圖所示，只要將 Arduino MKR1000 插上 MicroUSB 線，將該線差到開發用的電腦就可以了。

圖 67 Arduino MKR1000

我們遵照前幾章所述，將 Arduino 開發板的驅動程式安裝好之後，我們打開 Arduino 開發板的開發工具：Sketch IDE 整合開發軟體，攥寫一段程式，如下表所示之連接熱點建立簡單網頁伺服器，我們就可以讓 Arduino MKR1000 開發板連接一個熱點中心，並建立一個的網頁伺服器，進行類比訊號的讀取控制。

表 17 連接熱點建立網頁伺服器

連接熱點建立網頁伺服器(WiFiWebServer_MKR1000)
#include <SPI.h> #include <WiFi101.h>   #include "arduino_secrets.h" ///////please enter your sensitive data in the Secret tab/arduino_secrets.h char ssid[] = SECRET_SSID;   // your network SSID (name)

```
char pass[] = SECRET_PASS;      // your network password (use for WPA, or use as
key for WEP)
int keyIndex = 0;                         // your network key Index number (needed only
for WEP)

int status = WL_IDLE_STATUS;

WiFiServer server(80);

void setup() {
  //Initialize serial and wait for port to open:
  Serial.begin(9600);
  while (!Serial) {
    ; // wait for serial port to connect. Needed for native USB port only
  }

  // check for the presence of the shield:
  if (WiFi.status() == WL_NO_SHIELD) {
    Serial.println("WiFi shield not present");
    // don't continue:
    while (true);
  }

  // attempt to connect to WiFi network:
  while (status != WL_CONNECTED) {
    Serial.print("Attempting to connect to SSID: ");
    Serial.println(ssid);
    // Connect to WPA/WPA2 network. Change this line if using open or WEP net-
work:
    status = WiFi.begin(ssid, pass);

    // wait 10 seconds for connection:
    delay(10000);
  }
  server.begin();
  // you're connected now, so print out the status:
  printWiFiStatus();
}
```

```
void loop() {
    // listen for incoming clients
    WiFiClient client = server.available();
    if (client) {
        Serial.println("new client");
        // an http request ends with a blank line
        boolean currentLineIsBlank = true;
        while (client.connected()) {
            if (client.available()) {
                char c = client.read();
                Serial.write(c);
                // if you've gotten to the end of the line (received a newline
                // character) and the line is blank, the http request has ended,
                // so you can send a reply
                if (c == '\n' && currentLineIsBlank) {
                    // send a standard http response header
                    client.println("HTTP/1.1 200 OK");
                    client.println("Content-Type: text/html");
                    client.println("Connection: close");   // the connection will be closed after
completion of the response
                    client.println("Refresh: 5");   // refresh the page automatically every 5 sec
                    client.println();
                    client.println("<!DOCTYPE HTML>");
                    client.println("<html>");
                    // output the value of each analog input pin
                    for (int analogChannel = 0; analogChannel < 6; analogChannel++) {
                        int sensorReading = analogRead(analogChannel);
                        client.print("analog input ");
                        client.print(analogChannel);
                        client.print(" is ");
                        client.print(sensorReading);
                        client.println("<br />");
                    }
                    client.println("</html>");
                    break;
                }
```

```
            if (c == '\n') {
                // you're starting a new line
                currentLineIsBlank = true;
            }
            else if (c != '\r') {
                // you've gotten a character on the current line
                currentLineIsBlank = false;
            }
        }
    }
    // give the web browser time to receive the data
    delay(1);

    // close the connection:
    client.stop();
    Serial.println("client disconnected");
  }
}


void printWiFiStatus() {
  // print the SSID of the network you're attached to:
  Serial.print("SSID: ");
  Serial.println(WiFi.SSID());

  // print your WiFi shield's IP address:
  IPAddress ip = WiFi.localIP();
  Serial.print("IP Address: ");
  Serial.println(ip);

  // print the received signal strength:
  long rssi = WiFi.RSSI();
  Serial.print("signal strength (RSSI):");
  Serial.print(rssi);
  Serial.println(" dBm");
}
```

程式碼：https://github.com/brucetsao/Industry4_Gateway

如下圖所示，讀者可以看到本次實驗-連接熱點建立簡單網頁伺服器結果畫面。

首先如下圖所示，先看到開發版連接熱點，我們先用電腦瀏覽器連到這個熱點。

圖 68　連接熱點

首先如下圖所示，我們可以看到監控視窗，可以看到網頁伺服器的網址為：192.168.88.100。

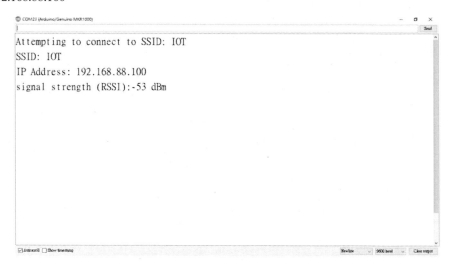

圖 69　建立網頁伺服器之監控畫面(類比)

首先如下圖所示，我們可以看到監控視窗，可以看到網頁伺服器的網址為：

192.168.88.100。

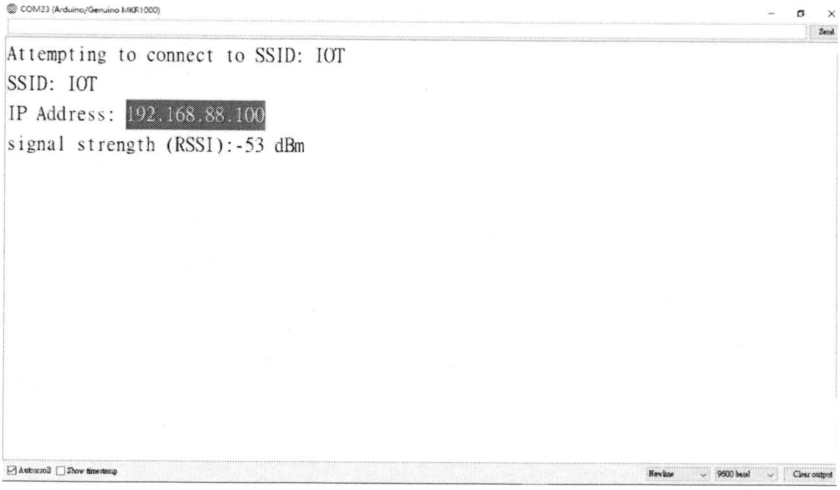

![COM23 (Arduino/Genuino MKR1000) serial monitor screen showing:
Attempting to connect to SSID: IOT
SSID: IOT
IP Address: 192.168.88.100
signal strength (RSSI):-53 dBm]

圖 70　查閱網頁網址之監控畫面

　　首先如下圖所示，我們先用電腦瀏覽器連到上圖所示之網址,預設為：

192.168.88.100。

圖 71　連接到網頁伺服器(查詢類比訊號)

　　首先如下圖所示，我們可以用 Arduino MKR100 開發版建立伺服器時，回饋用戶端的要求資料的訊息。

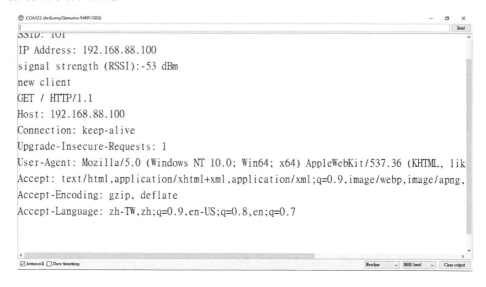

圖 72　回饋用戶端的要求資料的訊息

連上網頁

首先，如下圖所示，只要將 Arduino MKR1000 插上 MicroUSB 線，將該線差到開發用的電腦就可以了。

圖 73 Arduino MKR1000

我們遵照前幾章所述，將 Arduino 開發板的驅動程式安裝好之後，我們打開 Arduino 開發板的開發工具：Sketch IDE 整合開發軟體，撰寫一段程式，如下表所示之連接網頁測試程式，我們就可以讓 Arduino MKR1000 開發板連到測試網頁。

表 18 連接網頁測試程式

連接網頁測試程式(WiFiWebClient_MKR1000)

```
#include <SPI.h>
#include <WiFi101.h>
#include "arduino_secrets.h"
///////please enter your sensitive data in the Secret tab/arduino_secrets.h
char ssid[] = SECRET_SSID;          // your network SSID (name)
char pass[] = SECRET_PASS;       // your network password (use for WPA, or use as
key for WEP)
int keyIndex = 0;               // your network key Index number (needed only for
WEP)

int status = WL_IDLE_STATUS;
// if you don't want to use DNS (and reduce your sketch size)
// use the numeric IP instead of the name for the server:
//IPAddress server(74,125,232,128);    // numeric IP for Google (no DNS)
char server[] = "www.google.com";      // name address for Google (using DNS)

// Initialize the Ethernet client library
// with the IP address and port of the server
// that you want to connect to (port 80 is default for HTTP):
WiFiClient client;

void setup() {
  //Initialize serial and wait for port to open:
  Serial.begin(9600);
  while (!Serial) {
    ; // wait for serial port to connect. Needed for native USB port only
  }

  // check for the presence of the shield:
  if (WiFi.status() == WL_NO_SHIELD) {
    Serial.println("WiFi shield not present");
    // don't continue:
```

```
    while (true);
  }

  // attempt to connect to WiFi network:
  while (status != WL_CONNECTED) {
    Serial.print("Attempting to connect to SSID: ");
    Serial.println(ssid);
    // Connect to WPA/WPA2 network. Change this line if using open or WEP net-
work:
    status = WiFi.begin(ssid, pass);

    // wait 10 seconds for connection:
    delay(10000);
  }
  Serial.println("Connected to wifi");
  printWiFiStatus();

  Serial.println("\nStarting connection to server...");
  // if you get a connection, report back via serial:
  if (client.connect(server, 80)) {
    Serial.println("connected to server");
    // Make a HTTP request:
    client.println("GET /search?q=arduino HTTP/1.1");
    client.println("Host: www.google.com");
    client.println("Connection: close");
    client.println();
  }
}

void loop() {
  // if there are incoming bytes available
  // from the server, read them and print them:
  while (client.available()) {
    char c = client.read();
    Serial.write(c);
  }

  // if the server's disconnected, stop the client:
```

```
    if (!client.connected()) {
        Serial.println();
        Serial.println("disconnecting from server.");
        client.stop();

        // do nothing forevermore:
        while (true);
    }
}


void printWiFiStatus() {
    // print the SSID of the network you're attached to:
    Serial.print("SSID: ");
    Serial.println(WiFi.SSID());

    // print your WiFi shield's IP address:
    IPAddress ip = WiFi.localIP();
    Serial.print("IP Address: ");
    Serial.println(ip);

    // print the received signal strength:
    long rssi = WiFi.RSSI();
    Serial.print("signal strength (RSSI):");
    Serial.print(rssi);
    Serial.println(" dBm");
}
```

程式碼：https://github.com/brucetsao/Industry4_Gateway

如下圖所示，讀者可以看到本次實驗-連接網頁測試程式結果畫面。

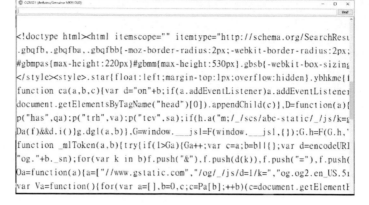

<!doctype html><html itemscope="" itemtype="http://schema.org/SearchResu
.gbqfb,.gbqfba,.gbqfbb{-moz-border-radius:2px;-webkit-border-radius:2px;
#gbmpas{max-height:220px}#gbmm{max-height:530px}.gbsb{-webkit-box-sizing
</style><style>.star{float:left;margin-top:1px;overflow:hidden}.ybhkme{f
function ca(a,b,c){var d="on"+b;if(a.addEventListener)a.addEventListener
document.getElementsByTagName("head")[0]).appendChild(c)},D=function(a){
p("has",qa);p("trh",va);p("tev",sa);if(h.a("m;/_/scs/abc-static/_/js/k=g
Da(f)&&d.i()}g.dgl(a,b)},G=window.___jsl=F(window.___jsl,{});G.h=F(G.h,'
function _mlToken(a,b){try{if(1>Ga){Ga++;var c=a;b=b||{};var d=encodeURI
"og."+b._sn);for(var k in b)f.push("&"),f.push(d(k)),f.push("="),f.push(
Oa=function(a){a=["//www.gstatic.com","/og/_/js/d=1/k=","og.og2.en_US.5l
var Va=function(){for(var a=[],b=0,c=Pa[b];++b)(c=document.getElementF

圖 74 連接網頁測試程式結果畫面

使用 SSL 連上網頁

首先，如下圖所示，只要將 Arduino MKR1000 插上 MicroUSB 線，將該線差到開發用的電腦就可以了。

圖 75 Arduino MKR1000

我們遵照前幾章所述，將 Arduino 開發板的驅動程式安裝好之後，我們打開 Arduino 開發板的開發工具：Sketch IDE 整合開發軟體，攥寫一段程式，如下表所示之使用 SSL 連接網頁測試程式，我們就可以讓 Arduino MKR1000 開發板連到測試網頁。

表 19 使用 SSL 連接網頁測試程式

使用 SSL 連接網頁測試程式(WiFiSSLClient_MKR1000)

```
#include <SPI.h>
#include <WiFi101.h>

#include "arduino_secrets.h"
////////please enter your sensitive data in the Secret tab/arduino_secrets.h
char ssid[] = SECRET_SSID;           // your network SSID (name)
char pass[] = SECRET_PASS;       // your network password (use for WPA, or use as
key for WEP)
int keyIndex = 0;                // your network key Index number (needed only for
WEP)

int status = WL_IDLE_STATUS;
// if you don't want to use DNS (and reduce your sketch size)
// use the numeric IP instead of the name for the server:
//IPAddress server(74,125,232,128);    // numeric IP for Google (no DNS)
char server[] = "github.com";      // name address for Google (using DNS)

// Initialize the Ethernet client library
// with the IP address and port of the server
// that you want to connect to (port 80 is default for HTTP):
WiFiSSLClient client;

void setup() {
  //Initialize serial and wait for port to open:
  Serial.begin(9600);
  while (!Serial) {
    ; // wait for serial port to connect. Needed for native USB port only
  }

  // check for the presence of the shield:
  if (WiFi.status() == WL_NO_SHIELD) {
    Serial.println("WiFi shield not present");
    // don't continue:
    while (true);
```

```
    }

    // attempt to connect to WiFi network:
    while (status != WL_CONNECTED) {
        Serial.print("Attempting to connect to SSID: ");
        Serial.println(ssid);
        // Connect to WPA/WPA2 network. Change this line if using open or WEP net-
work:
        status = WiFi.begin(ssid, pass);

        // wait 10 seconds for connection:
        delay(10000);
    }
    Serial.println("Connected to wifi");
    printWiFiStatus();

    Serial.println("\nStarting connection to server...");
    // if you get a connection, report back via serial:
    if (client.connect(server, 443)) {
        Serial.println("connected to server");
        // Make a HTTP request:
        client.println("GET /search?q=arduino HTTP/1.1");
        client.println("Host: www.google.com");
        client.println("Connection: close");
        client.println();
    }
}

void loop() {
    // if there are incoming bytes available
    // from the server, read them and print them:
    while (client.available()) {
        char c = client.read();
        Serial.write(c);
    }

    // if the server's disconnected, stop the client:
    if (!client.connected()) {
```

```
      Serial.println();
      Serial.println("disconnecting from server.");
      client.stop();

      // do nothing forevermore:
      while (true);
    }
}


void printWiFiStatus() {
    // print the SSID of the network you're attached to:
    Serial.print("SSID: ");
    Serial.println(WiFi.SSID());

    // print your WiFi shield's IP address:
    IPAddress ip = WiFi.localIP();
    Serial.print("IP Address: ");
    Serial.println(ip);

    // print the received signal strength:
    long rssi = WiFi.RSSI();
    Serial.print("signal strength (RSSI):");
    Serial.print(rssi);
    Serial.println(" dBm");
}
```

程式碼：https://github.com/brucetsao/Industry4_Gateway

　　如下圖所示，讀者可以看到本次實驗-使用 SSL 連上網頁測試程式結果畫面。

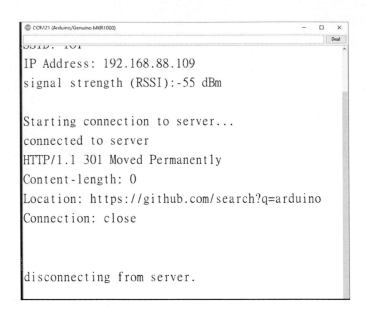

圖 76 使用 SSL 連上網頁試程式結果畫面

使用 UDP 取得網路時間

首先，如下圖所示，只要將 Arduino MKR1000 插上 MicroUSB 線，將該線差到開發用的電腦就可以了。

圖 77 Arduino MKR1000

我們遵照前幾章所述，將 Arduino 開發板的驅動程式安裝好之後，我們打開 Arduino 開發板的開發工具：Sketch IDE 整合開發軟體，撰寫一段程式，如下表所

示之使用 UDP 取得網路時間測試程式，我們就可以讓 Arduino MKR1000 開發板連

到網路取得網路時間。

表 20 使用 UDP 取得網路時間測試程式

使用 UDP 取得網路時間測試程式(WiFiUdpNtpClient_MKR1000)

```
#include <SPI.h>
#include <WiFi101.h>
#include <WiFiUdp.h>

int status = WL_IDLE_STATUS;
#include "arduino_secrets.h"
///////please enter your sensitive data in the Secret tab/arduino_secrets.h
char ssid[] = SECRET_SSID;          // your network SSID (name)
char pass[] = SECRET_PASS;      // your network password (use for WPA, or use as
key for WEP)
int keyIndex = 0;                   // your network key Index number (needed only for
WEP)

unsigned int localPort = 2390;          // local port to listen for UDP packets

IPAddress timeServer(129, 6, 15, 28); // time.nist.gov NTP server

const int NTP_PACKET_SIZE = 48; // NTP time stamp is in the first 48 bytes of the
message

byte packetBuffer[ NTP_PACKET_SIZE]; //buffer to hold incoming and outgoing pack-
ets

// A UDP instance to let us send and receive packets over UDP
WiFiUDP Udp;

void setup()
{
  // Open serial communications and wait for port to open:
  Serial.begin(9600);
  while (!Serial) {
```

- 131 -

```
    ; // wait for serial port to connect. Needed for native USB port only
  }

  // check for the presence of the shield:
  if (WiFi.status() == WL_NO_SHIELD) {
    Serial.println("WiFi shield not present");
    // don't continue:
    while (true);
  }

  // attempt to connect to WiFi network:
  while ( status != WL_CONNECTED) {
    Serial.print("Attempting to connect to SSID: ");
    Serial.println(ssid);
    // Connect to WPA/WPA2 network. Change this line if using open or WEP net-
work:
    status = WiFi.begin(ssid, pass);

    // wait 10 seconds for connection:
    delay(10000);
  }

  Serial.println("Connected to wifi");
  printWiFiStatus();

  Serial.println("\nStarting connection to server...");
  Udp.begin(localPort);
}

void loop()
{
  sendNTPpacket(timeServer); // send an NTP packet to a time server
  // wait to see if a reply is available
  delay(1000);
  if ( Udp.parsePacket() ) {
    Serial.println("packet received");
    // We've received a packet, read the data from it
    Udp.read(packetBuffer, NTP_PACKET_SIZE); // read the packet into the buffer
```

```
//the timestamp starts at byte 40 of the received packet and is four bytes,
// or two words, long. First, esxtract the two words:

unsigned long highWord = word(packetBuffer[40], packetBuffer[41]);
unsigned long lowWord = word(packetBuffer[42], packetBuffer[43]);
// combine the four bytes (two words) into a long integer
// this is NTP time (seconds since Jan 1 1900):
unsigned long secsSince1900 = highWord << 16 | lowWord;
Serial.print("Seconds since Jan 1 1900 = " );
Serial.println(secsSince1900);


// now convert NTP time into everyday time:
Serial.print("Unix time = ");
// Unix time starts on Jan 1 1970. In seconds, that's 2208988800:
const unsigned long seventyYears = 2208988800UL;
// subtract seventy years:
unsigned long epoch = secsSince1900 - seventyYears;
// print Unix time:
Serial.println(epoch);


// print the hour, minute and second:
Serial.print("The UTC time is ");          // UTC is the time at Greenwich Meridian
(GMT)
Serial.print((epoch    % 86400L) / 3600); // print the hour (86400 equals secs per
day)
Serial.print(':');
if ( ((epoch % 3600) / 60) < 10 ) {
    // In the first 10 minutes of each hour, we'll want a leading '0'
    Serial.print('0');
}
Serial.print((epoch    % 3600) / 60); // print the minute (3600 equals secs per mi-
nute)
Serial.print(':');
if ( (epoch % 60) < 10 ) {
    // In the first 10 seconds of each minute, we'll want a leading '0'
    Serial.print('0');
```

```
    }
    Serial.println(epoch % 60); // print the second
  }
  // wait ten seconds before asking for the time again
  delay(10000);
}


// send an NTP request to the time server at the given address
unsigned long sendNTPpacket(IPAddress& address)
{
  //Serial.println("1");
  // set all bytes in the buffer to 0
  memset(packetBuffer, 0, NTP_PACKET_SIZE);
  // Initialize values needed to form NTP request
  // (see URL above for details on the packets)
  //Serial.println("2");
  packetBuffer[0] = 0b11100011;    // LI, Version, Mode
  packetBuffer[1] = 0;         // Stratum, or type of clock
  packetBuffer[2] = 6;         // Polling Interval
  packetBuffer[3] = 0xEC;    // Peer Clock Precision
  // 8 bytes of zero for Root Delay & Root Dispersion
  packetBuffer[12]   = 49;
  packetBuffer[13]   = 0x4E;
  packetBuffer[14]   = 49;
  packetBuffer[15]   = 52;

  //Serial.println("3");

  // all NTP fields have been given values, now
  // you can send a packet requesting a timestamp:
  Udp.beginPacket(address, 123); //NTP requests are to port 123
  //Serial.println("4");
  Udp.write(packetBuffer, NTP_PACKET_SIZE);
  //Serial.println("5");
  Udp.endPacket();
  //Serial.println("6");
}
```

```
void printWiFiStatus() {
    // print the SSID of the network you're attached to:
    Serial.print("SSID: ");
    Serial.println(WiFi.SSID());

    // print your WiFi shield's IP address:
    IPAddress ip = WiFi.localIP();
    Serial.print("IP Address: ");
    Serial.println(ip);

    // print the received signal strength:
    long rssi = WiFi.RSSI();
    Serial.print("signal strength (RSSI):");
    Serial.print(rssi);
    Serial.println(" dBm");
}
```

程式碼：https://github.com/brucetsao/Industry4_Gateway

如下圖所示，讀者可以看到本次實驗-使用 UDP 取得網路時間測試程式結果
畫面。

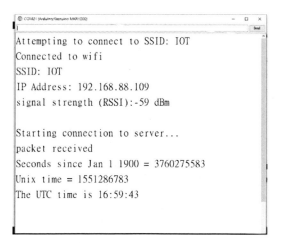

圖 78　使用 UDP 取得網路時間測試程式結果畫面

章節小結

　　本章主要介紹使用 Arduino MKR1000 開發版，並透過範例程式介紹，讓讀者了解並駕馭這塊開發版，相信讀者閱讀後，將對 Arduino MKR1000 開發版，有更深入的了解與體認。

CHAPTER

RS-485 轉 TCP/IP 閘道器介紹

本文介紹主體是由濟南因諾資訊技術有限公司(公司網址：

http://www.yinnovo.com/)所研發、販售的：網路串口透傳模組（INNO-S2ETH-1），

產品網址：

http://www.yinnovo.com/index.php?_m=mod_product&_a=prdlist&cap_id=62，產品販售

賣家網址：https://smart-control.world.taobao.com/index.htm?spm=a312a.7700824.w5002-

1053557888.2.51fb7147C6pzJC。

　　網路串口透傳模組（INNO-S2ETH-1）是一款支援POE供電的網路轉232/485

介面控制器(如下圖所示，實現網路資料和串口資料的雙向透明傳輸，具有TCP

CLIENT、TCP SERVER、UDP SERVER 、UDP CLIENT 4種工作模式，串口串列傳

輸速率最高可支援到921600bps，可通過上位機軟體輕鬆配置，方便快捷。

圖 79 網路串口透傳模組（INNO-S2ETH-1）

網路串口透傳模組（INNO-S2ETH-1）功能特點如下：

● 實現串口資料和網路資料的雙向透明傳輸

● 支援10/100M，全雙工/半雙工自我調整乙太網介面，相容802.3 協定

- 支援MDI/MDIX 線路自動轉換

- 支援TCP CLEINT/ SERVER 和UDP CLEINT/ SERVER 4 種工作模式

- 串口串列傳輸速率支持300bps ～ 921600bps

- 串口支援5、6、7 或者8 位元資料位元以及1 位元或者2 位停止位

- 串口支持奇、偶、無校驗、空白0、標誌1 校驗方式

- 串口支援全雙工和半雙工串口通訊，支援RS485 收發自動切換

- 支援DHCP自動獲取IP 位址功能

- 支持DNS 網域名稱系統

- 支援0～2000ms 串口超時時間設置

- 網路參數，串口參數可通過上位機配置

- 支援KEEPALIVE 機制

- 支持POE供電

網路串口透傳模組（INNO-S2ETH-1）

配置及工作模式說明

網路串口透傳模組（INNO-S2ETH-1）參數配置分為基礎設置和埠配置兩個部分，基礎配置主要包括：設備名，網路參數，串口協商認證功能。

NNO-ETH2Serial 支持 DHCP 和手動兩種方設置網路基礎參數。

TCP CLIENT 模式

網路串口透傳模組（INNO-S2ETH-1）在TCP CLIENT 模式，模組上電後，會主動連接TCP SERVER 端，連接建立後，可實現網路資料和串口資料的雙向透明傳輸。網路串口透傳模組（INNO-S2ETH-1）在此模式下，TCP SERVER 的IP 需

讓模組可查閱與使用到，就是指通過網路串口透傳模組（INNO-S2ETH-1）模組所在的IP 可直接PING 通伺服器IP。

網路串口透傳模組（INNO-S2ETH-1）TCP CLIENT 模式下，支援本地通訊埠隨機，支持通過功能變數名稱訪問遠端服務伺服器，網路串口透傳模組（INNO-S2ETH-1）晶片內部預設開啟TCP 底層Keep Alive 機制，可以檢測出設備掉線。適合於現場資料獲取，上傳伺服器模式。

TCP SERVER 模式

網路串口透傳模組（INNO-S2ETH-1）TCP SERVER 模式，網路串口透傳模組（INNO-S2ETH-1）通電後，會監聽本地通訊埠是否有用戶端請求連接，當連接建立後，可實現網路資料和串口資料的雙向透明傳輸。

此模式下，網路串口透傳模組（INNO-S2ETH-1）TCP CLIENT 的 IP 需可查閱與使用到，就是指通過用戶端 IP 可直接 PING 通模組 IP。

模組需要配置的網路參數有：工作模式、設備 IP、子網路遮罩、預設閘道器、設備埠。而目的 IP、目的埠、此模式下，同時只能支援一條 TCP 用戶端連接。

UDP CLIENT 模式

網路串口透傳模組（INNO-S2ETH-1）UDP CLIENT 模式，模組上電後，會把發往本地埠的資料（來自於目的 IP 和埠）透明轉發到模組串列埠，同樣的，發往模組串列埠的資料也會通過 UDP 方式轉發至設定的目的 IP 和串列埠。

此模式下，模組需要配置的網路參數有：工作模式、設備 IP、子網路遮罩、預設閘道器、設備埠、目的 IP、目的埠。

UDP SERVER 模式

網路串口透傳模組（INNO-S2ETH-1）UDP SERVER 模式，接收發往本地IP和串列埠的所有資料並轉發至串口，發往模組串口的資料也會通過UDP 方式轉發至與之通信的UDP 的IP 和串列埠。

　　此模式下，模組需要配置的網路參數有：工作模式、設備IP、子網路遮罩、預設閘道器、設備埠。

產品使用方法

(1) 網路串口透傳模組（INNO-S2ETH-1）供電接線方式

　　網路串口透傳模組（INNO-S2ETH-1）產品支援3種供電介面：螺絲端子供電，DC頭供電，POE網口供電，如下圖所示，可任選其一進行供電。

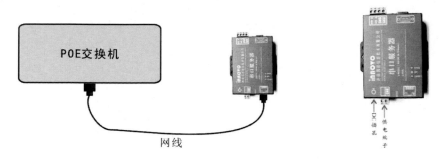

圖 80 網路串口透傳模組（INNO-S2ETH-1）供電接線方式

資料來源：濟南因諾資訊技術有限公司官網：http://www.yinnovo.com/index.ph
p?_m=mod_product&_a=prdlist&cap_id=62

　　網路串口透傳模組（INNO-S2ETH-1）產品符合802.3SF標準，網線的4/5和7/8分別作為供電線的正負極，控制器工作電流小於200mA，工作電壓:12-64VDC±10%.

恢復出廠設置方法

　　如果我們想要恢復原廠設定，如下圖所示，我們可以按下復位按鈕，進行恢復原廠設定，重設方式：按住復位按鈕->產品通電->等待5秒->恢復出廠設置成功

復位按鈕

圖 81 恢復出廠設置方法

資料來源：濟南因諾資訊技術有限公司官網：http://www.yinnovo.com/index.ph

p?_m=mod_product&_a=prdlist&cap_id=62

網路串口透傳模組（INNO-S2ETH-1）出廠默認參數：

- 出廠預設工作在 TCP CLIENT 模式
- 網路預設參數為：
  - 設備 IP ：192.168.1.200
  - 子網路遮罩 ：255.255.255.0
  - 預設閘道器 ：192.168.1.1
  - 模組通訊埠 ：2000
  - 目的 IP ：192.168.1.100
  - 目的通訊埠 ：1000
  - 重連次數 ：無限次
- 串列埠預設參數為：
  - 串列埠傳輸速率 ：9600 bps
  - 超時 ：0
  - 通訊位元 ：8 ； 停止位 ：1 ； 校驗 ：無

若要查閱工作狀態，我們可以參考下圖之狀態指示燈

圖 82 狀態指示燈

資料來源：濟南因諾資訊技術有限公司官網：http://www.yinnovo.com/index.ph

p?_m=mod_product&_a=prdlist&cap_id=62

其狀態指示燈狀態如下：

● 供電指示燈：供電線接線正常時指示燈點亮
● 運行指示燈：控制器啟動正常時指示燈點亮
● 連接指示燈：伺服器模式下有用戶端連接或者用戶端模式下成功連接到
伺服器時，指示燈點亮。

介面連接方式

　　首先，我們參考下圖，由於 RS-232 傳輸是一對一的方式傳輸，所以我們一台
設備只能連接一台 RS-232 設備，其接入方式參考下圖：

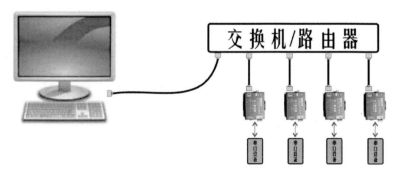

圖 83 RS-232 連線模式

資料來源：濟南因諾資訊技術有限公司官網：http://www.yinnovo.com/index.ph

首先，我們參考下圖，由於 RS-485 傳輸是一對多的方式傳輸，所以我們一台
設備可以連接 32 台 RS-485 設備，其接入方式參考下圖：

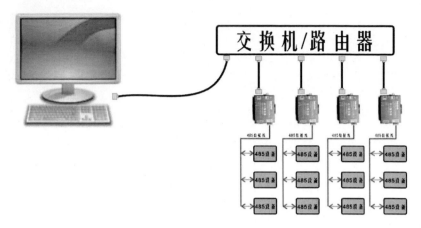

圖 84 RS-485 連線模式

資料來源：濟南因諾資訊技術有限公司官網：http://www.yinnovo.com/index.ph
p?_m=mod_product&_a=prdlist&cap_id=62

網路串口透傳模組（INNO-S2ETH-1）機器設定

首先，我們在網路上購買一個 USB 轉 RS-485 轉接器，參考購買網址：
https://item.taobao.com/item.htm?spm=a1z09.2.0.0.740c2e8dBG70CU&id=557028234080&
_u=avlvti9aa86，如下圖所示，我們希望先介紹通訊方式，購買到 USB 轉 RS-485 轉
接器之後，只要將 USB 轉 RS-485 轉接器插到開發用的電腦就可以了。

圖 85 USB 轉 RS-485 轉接器

接下來我們將USB轉RS-485轉接器的RS-485端接在網路串口透傳模組（INNO-S2ETH-1）產品的 RS-485 端，如下表所示之接法連接好：

表 21 USB 轉 RS-485 轉接器與網路串口透傳模組接腳表

	串口透傳模組（INNO-S2ETH-1）	USB 轉 RS-485 轉接器
A 端	RS-485 端:A 腳位	RS-485 端:A 腳位
B 端	RS-485 端:B 腳位	RS-485 端:B 腳位
共地端	RS-485 端:GND 腳位	RS-485 端:GND 腳位
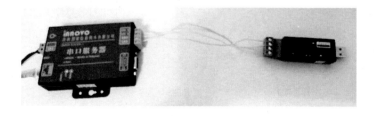		

接下來如上表所示之接法，我們將 USB 轉 RS-485 轉接器的 RS-485 端接在網路串口透傳模組（INNO-S2ETH-1）產品的 RS-485 端，如下圖所示之接法連接好：

圖 86 USB 轉 RS-485 轉接器與網路串口透傳模組接腳圖

接下來如下圖所示之接法，我們將網路串口透傳模組（INNO-S2ETH-1）產品的乙太網路接口端，如下圖所示之接法，插上一條網路線一端：

圖 87 網路串口透傳模組網路接口

　　接下來，如下圖所示之接法，我們將上面那一條網路線的另一端網線，插到網路集線器的任一網路插口：

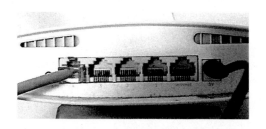

圖 88 插到網路集線器的任一網路插口

　　網路的連接，如下圖所示之接法，將是將網路串口透傳模組（INNO-S2ETH-1）產品的乙太網路接口端，與網路集線器的任一網路插口，使用一條網路線一端我們將上面那一條網路線的另一端網線，插到網路集線器的任一網路插口：

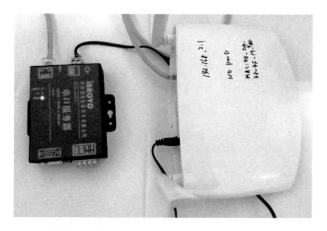

圖 89 USB 轉 RS-485 轉接器與網路串口透傳模組之網路接法

啟動設定軟體

網路串口透傳模組（INNO-S2ETH-1）需要使用原廠地的設定程式，讀者可以在購買該產品之後，跟賣家索取，或到濟南因諾資訊技術有限公司(公司網址：http://www.yinnovo.com/)官網索取，也可以在作者網址：https://github.com/brucetsao/Industry4_Gateway/tree/master/Tools，下載『串口服务器INNO-S2ETH-1说明.rar』檔案，解壓縮後，執行『串口服务器INNO-S2ETH-1网络配置工具.exe』檔案，可以看到下圖所示之執行畫面：

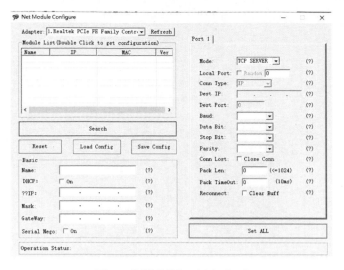

圖 90 網路配置工具主畫面

首先，讀者必須確定，您使用的電腦與網路串口透傳模組（INNO-S2ETH-1）所連接的網域，必須在同一網域內，方能執行。

如下圖所示，我們必須先看到，先選擇您使用的電腦所連接使用的網路卡：

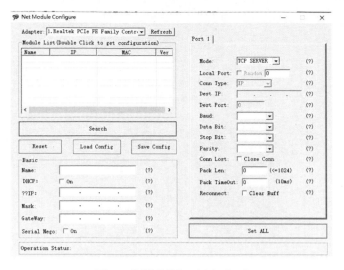

圖 91 網路配置工具-選擇網路介面卡

如下圖所示，我們進行搜尋裝置：

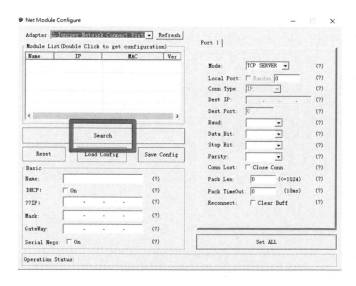

圖 92 網路配置工具-搜尋裝置

如下圖所示，我們可以看到找到本文的裝置：

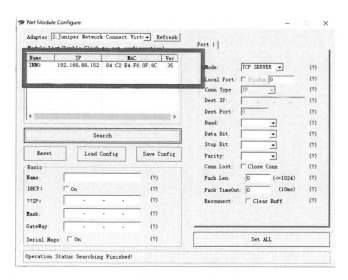

圖 93 網路配置工具-找到裝置

如下圖所示，我們點選找到本文的裝置：

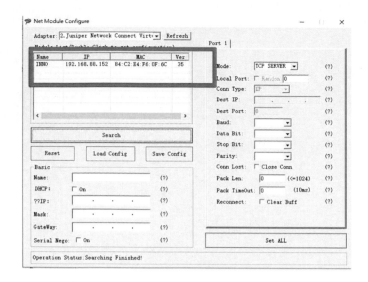

圖 94 網路配置工具-點選找到本文的裝置

如下圖所示，我們可以看到網路配置工具所查詢到的本文的裝置的資料：

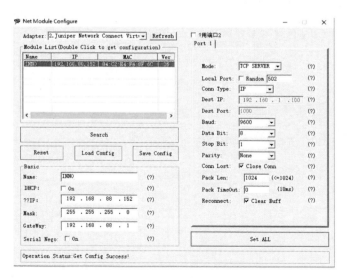

圖 95 網路配置工具-查詢本文的裝置資料

如下圖所示，我們可以輸入下圖所示之紅框區域，輸入裝置資料所配置的網路之IP位址、網路遮罩資料、網路閘道器的資料：

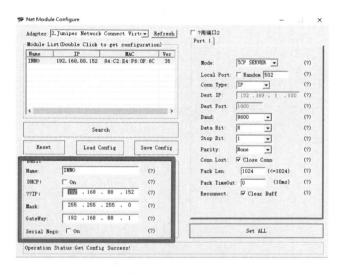

圖 96 網路配置工具-變更裝置網路資料

如下圖所示，我們可以輸入下圖所示之紅框區域，輸入裝置所使用模式：

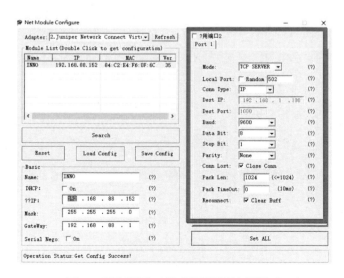

圖 97 網路配置工具-變更裝置使用模式

如下圖所示，我們必須設定網路串口透傳模組（INNO-S2ETH-1）運作模式，其運作模式列舉如下：

- TCP SERVER:任何一台網路周邊，使用 TCP/IP 連線(WIN SOCKET)，連到網路串口透傳模組（INNO-S2ETH-1）的網址，建立連線後，就可以用 TCP/IP 連線(WIN SOCKET)將網路傳送端傳送資料，將資料轉到 RS-485/RS-232

- TCP CLIENT: 設定網路串口透傳模組（INNO-S2ETH-1）為用戶端，與所設定的目的 IP 的機器，使用設定的通訊埠，使用 TCP/IP 連線(WIN SOCKET)主動連到該主機，當網路串口透傳模組（INNO-S2ETH-1）的 RS-485/RS-232 通訊埠，有收到任何資料時，可以將資料傳給所設定的目的 IP 的機器。

- UDP SERVER:使用 UDP 連線，使用 UDP 連線(WIN SOCKET)，連到網路串口透傳模組（INNO-S2ETH-1）的網址，建立連線後，就可以用 UDP 連線(WIN SOCKET)將網路傳送端傳送資料，將資料轉到 RS-485/RS-232

- UDP CLIENT: 使用 UDP 連線，使用 UDP 連線(WIN SOCKET)，設定網路串口透傳模組（INNO-S2ETH-1）為用戶端，與所設定的目的 IP 的機器，使用設定的通訊埠，使用 UDP 連線(WIN SOCKET)主動連到該主機，當網路串口透傳模組（INNO-S2ETH-1）的 RS-485/RS-232 通訊埠，有收到任何資料時，可以將資料傳給所設定的目的 IP 的機器。

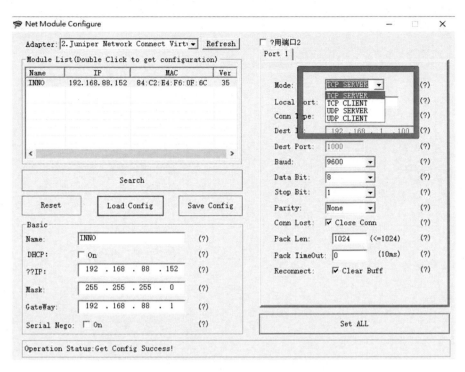

圖 98 網路配置工具-設定裝置使用模式

　　如下圖所示，在網路串口透傳模組（INNO-S2ETH-1）為用戶端

(TCPIP/UDP)，由於網路串口透傳模組（INNO-S2ETH-1）會主動連接一台主機，

所以我們必須如下圖紅框處，設定連接的主機網址，與通訊連接埠：

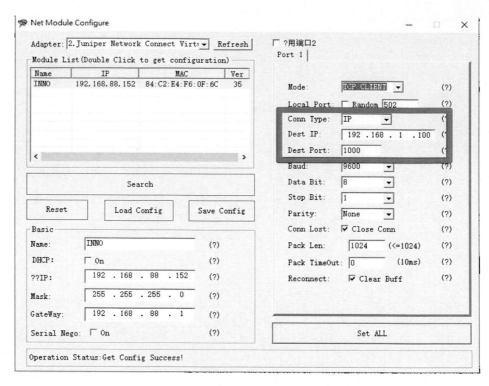

圖 99 網路配置工具-設定裝置連接主機網址資訊

　　如下圖所示,不管哪一種模式,我們都是與網路串口透傳模組(INNO-S2ETH-1)的RS-485/RS-232轉換埠進行連接,所以我們必須設定RS-485/RS-232轉換埠的通訊速率資訊,包含Baud(通訊速率)、Data Bit(通訊位元長度)、Stop Bit(停止位元)的值、Parity(同位元檢查)的方式等等必要資訊:

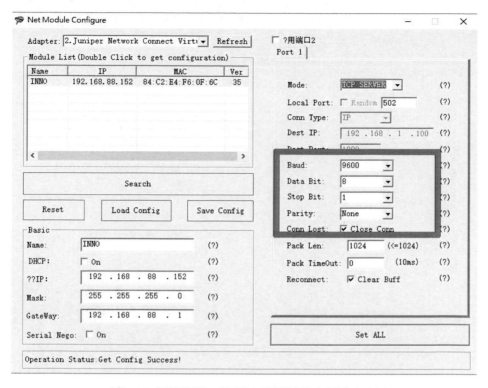

圖 100 網路配置工具-設定裝置轉傳資料速率資訊

如下圖所示，所有資料設定完成後，我們必須將資料儲存到網路串口透傳模組（INNO-S2ETH-1）內部：

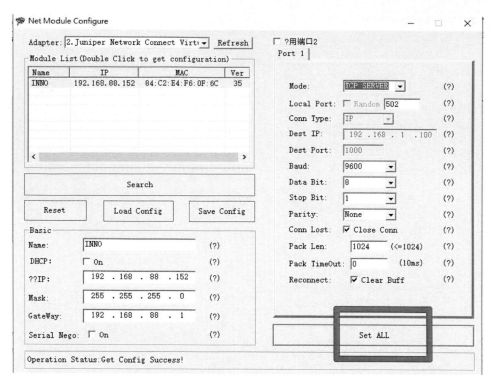

圖 101 網路配置工具-設定儲存到裝置

　　如下圖所示，當將所有資料，儲存到網路串口透傳模組（INNO-S2ETH-1）內部後，網路串口透傳模組（INNO-S2ETH-1）內部會自動重啟裝置，便可以開始運作了。

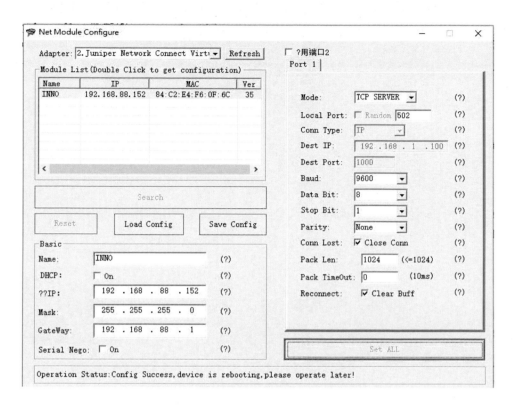

圖 102 網路配置工具-儲存到裝置後重啟裝置

下載轉換端通訊軟體

　　由於我們使用 USB 轉 RS-485 轉接器(如下圖所示)來模擬工業模組的 RS-485/RS-232 通訊埠，將資料轉到開發用的電腦之通訊埠，所以我們必須先下載通訊埠之通訊軟體。

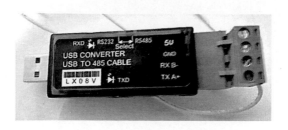

圖 103 USB 轉 RS-485 轉接器

接下來我們將USB轉RS-485轉接器的RS-485端接在網路串口透傳模組(INNO-S2ETH-1) 產品的 RS-485 端，如下表所示之接法連接好：

表 22 USB 轉 RS-485 轉接器與網路串口透傳模組接腳表

	串口透傳模組（INNO-S2ETH-1）	USB 轉 RS-485 轉接器
A 端	RS-485 端:A 腳位	RS-485 端:A 腳位
B 端	RS-485 端:B 腳位	RS-485 端:B 腳位
共地端	RS-485 端:GND 腳位	RS-485 端:GND 腳位

接下來如上表所示之接法，我們將 USB 轉 RS-485 轉接器的 RS-485 端接在網路串口透傳模組（INNO-S2ETH-1）產品的 RS-485 端，如下圖所示之接法連接好：

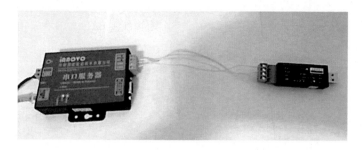

圖 104 USB 轉 RS-485 轉接器與網路串口透傳模組接腳圖

讀者可以使用Google Search，用關鍵字『SSCOM32』尋找serial port software sscom32軟體，也可以在作者網址: https://github.com/brucetsao/Industry4_Gateway/tree/master/Tools，下載『sscom32.zipsscom32.zip』檔案，解壓縮後，執行『sscom32E.exe』檔案，可以看到下圖所示之執行畫面：

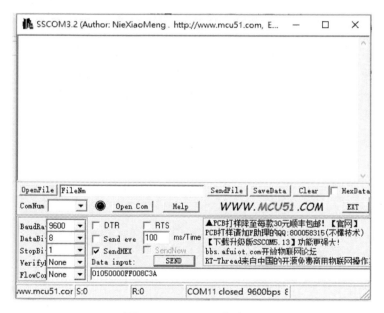

圖 105 SSCOM32 主畫面

如下圖所示，我們使用裝置管理員，來查詢USB轉RS-485轉接器所使用的通訊埠，如下圖所示，我們可以看到本文中使用為COM13，讀者必須自行判斷您使用的USB轉RS-485轉接器所使用的通訊埠為哪一個，不一定跟筆者相同：

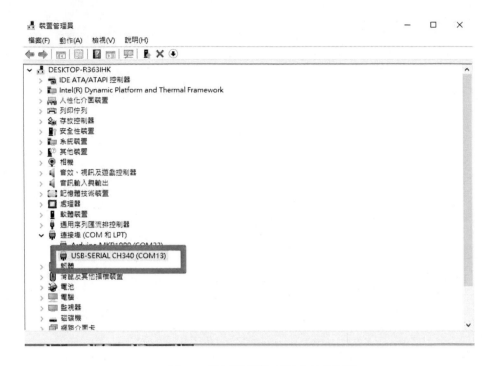

圖 106 使用裝置管理員查詢通訊埠

如下圖所示，我們設定SSCOM32所要連接的通訊埠：

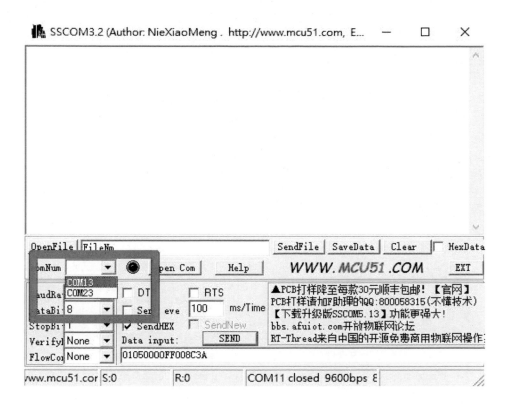

圖 107 SSCOM32 主畫面-設定連接通訊埠

如下圖所示，我們都必須設定SSCOM32轉換埠的通訊速率資訊，包含Baud(通訊速率)、Data Bit(通訊位元長度)、Stop Bit(停止位元)的值、Parity(同位元檢查)的方式等等必要資訊：

我們可以看到本文中使用為COM13，讀者必須自行判斷您使用的USB轉RS-485轉接器所使用的通訊之埠通訊速率資訊，包含Baud(通訊速率)、Data Bit(通訊位元長度)、Stop Bit(停止位元)的值、Parity(同位元檢查)的方式等等必要資訊為哪一個，不一定跟筆者相同：

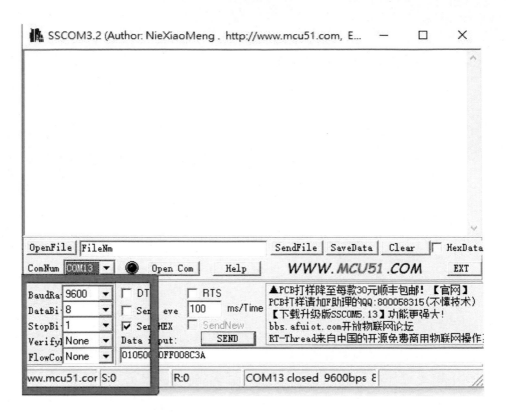

圖 108 SSCOM32 主畫面-設定通訊速率相關資料

如下圖所示，我們開啟SSCOM32通訊：

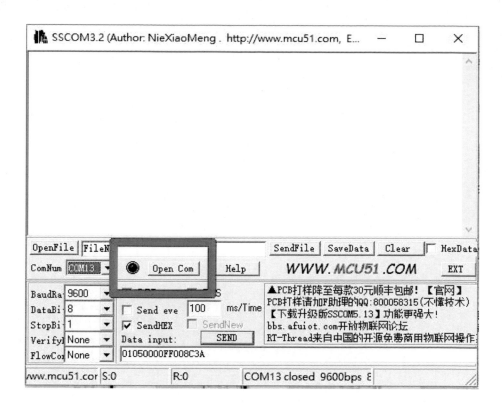

圖 109SSCOM32 主畫面-開啟通訊

　　如下圖所示，我們開始使用SSCOM32，開始模擬工業模組的RS-485/RS-232通
訊埠：

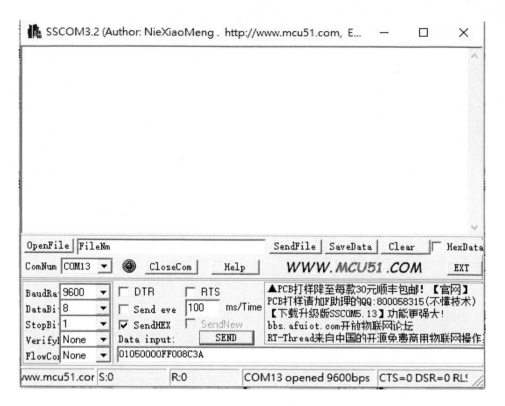

圖 110 SSCOM32 主畫面-開始通訊

下載 TCP/IP 通訊軟體

讀者可以使用Google Search，用關鍵字『putty』尋找putty software sscom32軟體，可以找到網址: https://www.chiark.greenend.org.uk/~sgtatham/putty/latest.html ，自行下載。或者也可以在作者網址:下載『putty-64bit-0.70-installer.msi』檔案，解壓縮後，執行『putty』檔案，可以看到下圖所示之執行畫面：

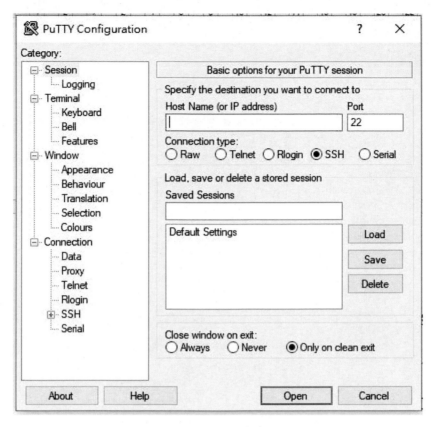

圖 111 putty 主畫面

我們參考圖 99 之網路串口透傳模組（INNO-S2ETH-1）之網路網址，本文為：

192.168.88.152，通訊埠為：502，依下圖所示進行設定：

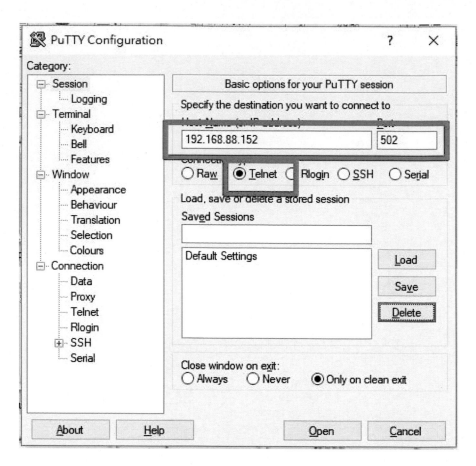

圖 112 Putty-網路設定一

為了使用 putty，請在依下圖所示，進行設定：

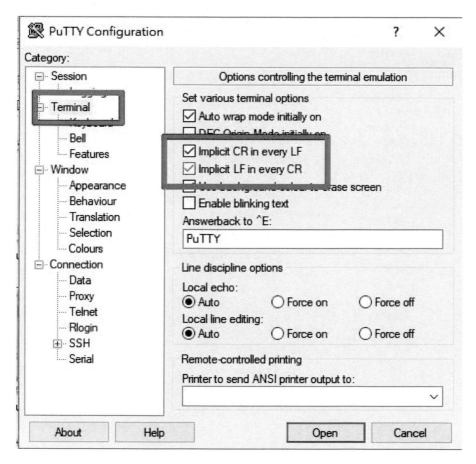

圖 113 Putty-網路設定二

設定完成後，我們可以將這個設定進行存檔，請參考下圖將設定輸入一個名稱後進行存檔：

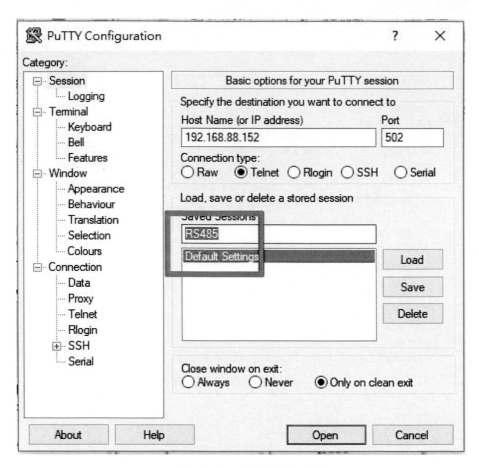

圖 114 Putty-網路設定存檔一

輸入一個名稱後,我們可以將這個設定進行存檔,請參考下圖進行存檔:

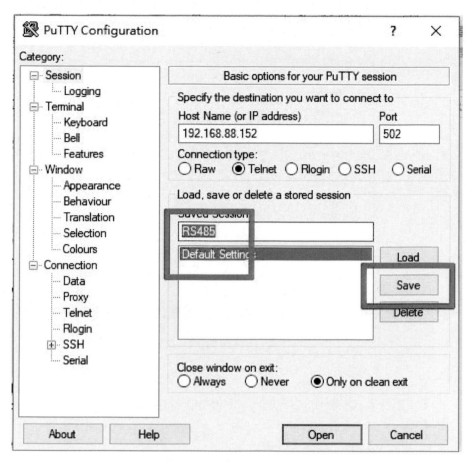

圖 115 Putty-網路設定存檔二

接下來我們就可以開啟通訊，如下圖所示，點：open 後就開始連線：

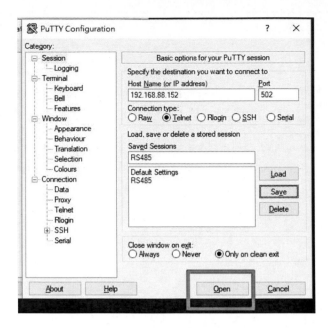

圖 116 Putty-開始連線

如下圖所示，我們可以看到 putty 開始連線後的 terminal 畫面：

圖 117 Putty-連線中

開啟 RS-485/RS-232 通訊端通訊軟體

我們參考圖 110看到下圖所示之執行畫面：

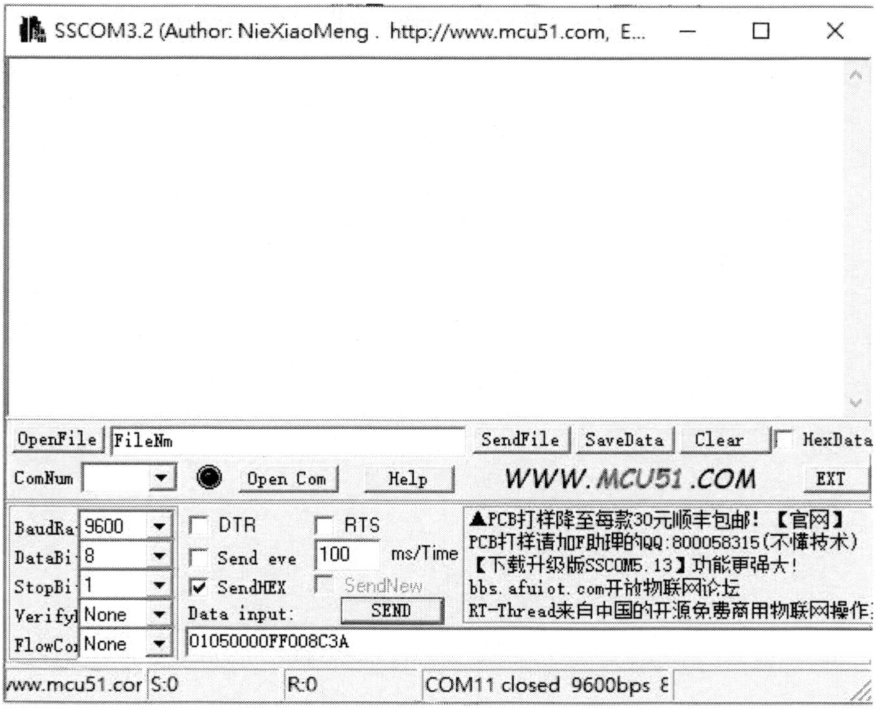

圖 118 SSCOM32 主畫面

如下圖所示，我們使用裝置管理員，來查詢USB轉RS-485轉接器所使用的通訊埠，如下圖所示，我們可以看到本文中使用為COM13，讀者必須自行判斷您使用的USB轉RS-485轉接器所使用的通訊埠為哪一個，不一定跟筆者相同：

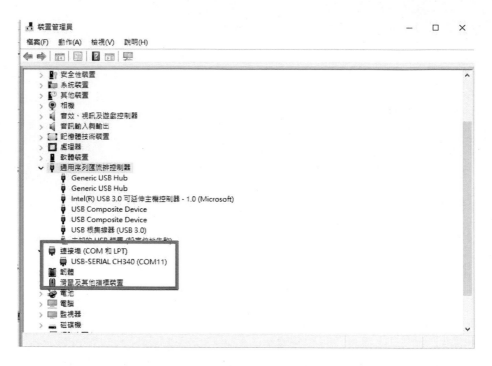

圖 119 裝置管理員畫面

如下圖所示，我們設定SSCOM32所要連接的通訊埠：

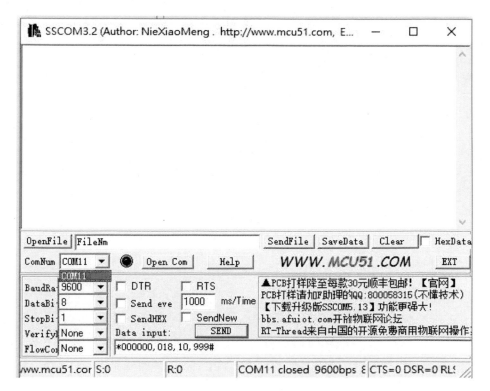

圖 120 設定連接通訊埠

如下圖所示，我們都必須設定SSCOM32轉換埠的通訊速率資訊，包含Baud(通訊速率)、Data Bit(通訊位元長度)、Stop Bit(停止位元)的值、Parity(同位元檢查)的方式等等必要資訊：

我們可以看到本文中使用為COM13，讀者必須自行判斷您使用的USB轉RS-485轉接器所使用的通訊之埠通訊速率資訊，包含Baud(通訊速率)、Data Bit(通訊位元長度)、Stop Bit(停止位元)的值、Parity(同位元檢查)的方式等等必要資訊為哪一個，不一定跟筆者相同：

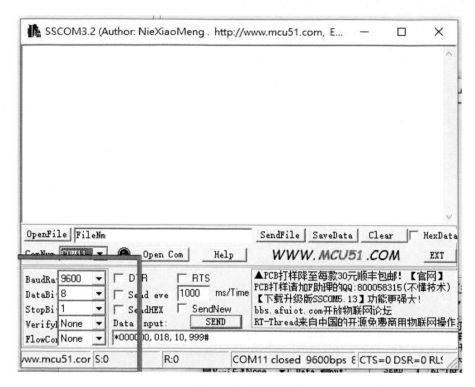

圖 121 設定通訊速率

如下圖所示，我們開啟SSCOM32通訊：

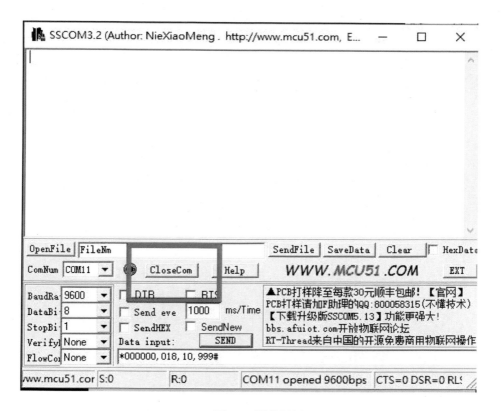

圖 122 開啟通訊

如下圖所示，我們開始使用SSCOM32，開始模擬工業模組的RS-485/RS-232通訊埠：

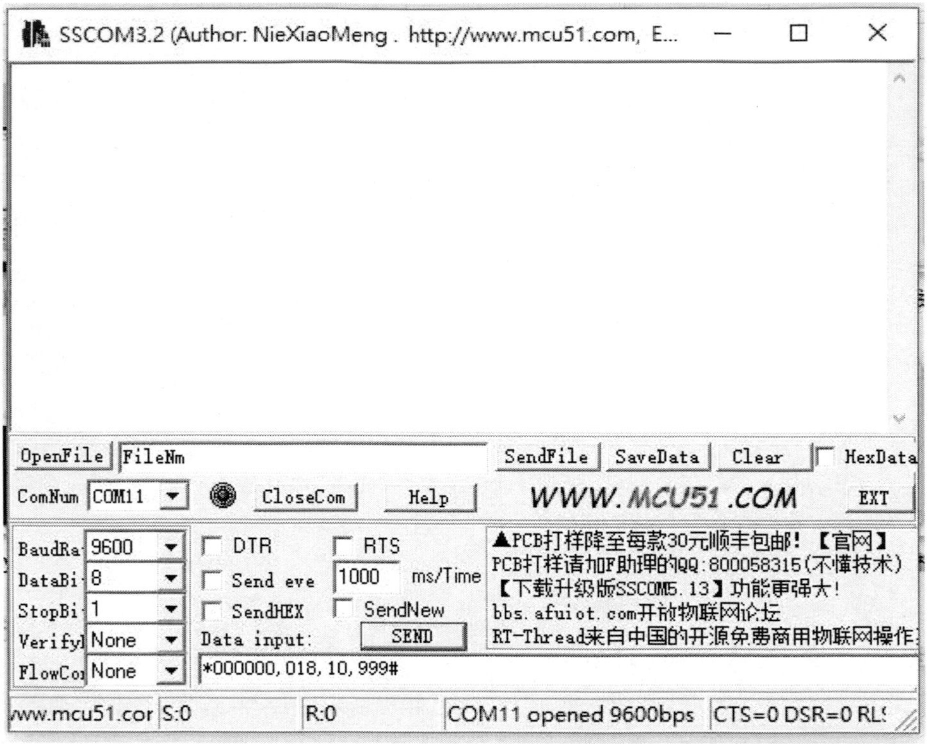

圖 123 SSCOM32 開始通訊

如下圖所示，我們再輸入文字區，輸入要傳輸的文字：

aaaaabbbbbbbbbbbbbb：

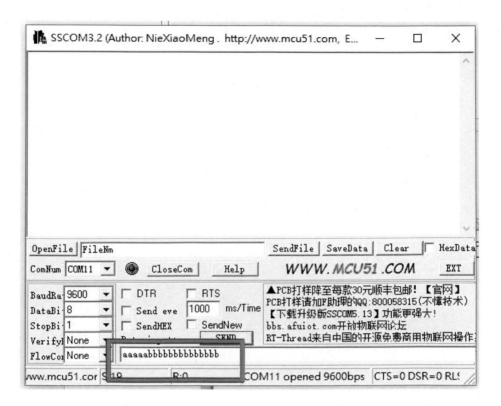

圖 124 輸入要傳輸的文字

如下圖所示，我們傳送輸入要傳輸的文字：

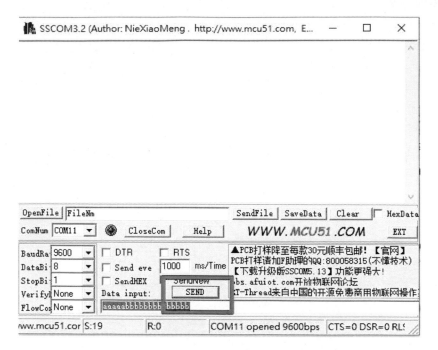

圖 125 傳送輸入要傳輸的文字

如下圖所示，我們看到傳輸的文字：aaaaabbbbbbbbbbbbb，主機已接收文字

並顯示於上：

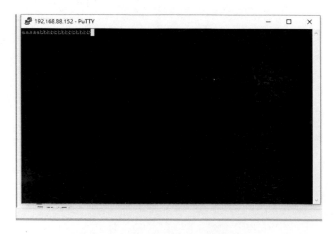

圖 126 主機已接收文字並顯示於上

章節小結

本章主要介紹使用網路串口透傳模組（INNO-S2ETH-1），並介紹該 RS-485 轉 TCP/IP 閘道器介紹與通訊軟體，並實際進行通訊測試，，相信讀者閱讀後，將對網路串口透傳模組（INNO-S2ETH-1）與通訊方法，有更深入的了解與體認。

CHAPTER

使用網站控制 RS-485 閘道器

本文使用濟南因諾資訊技術有限公司(公司網址：http://www.yinnovo.com/)所研發、販售的：網路串口透傳模組（INNO-S2ETH-1），產品網址：http://www.yinnovo.com/index.php?_m=mod_product&_a=prdlist&cap_id=62，產品販售賣家網址：https://smart-control.world.taobao.com/index.htm?spm=a312a.7700824.w5002-1053557888.2.51fb7147C6pzJC。

網路串口透傳模組（INNO-S2ETH-1）是一款支援POE供電的網路轉232/485介面控制器(如下圖所示，實現網路資料和串口資料的雙向透明傳輸，具有TCP CLIENT、TCP SERVER、UDP SERVER 、UDP CLIENT 4種工作模式，串口串列傳輸速率最高可支援到921600bps，可通過上位機軟體輕鬆配置，方便快捷。

圖 127 網路串口透傳模組（INNO-S2ETH-1）

並將上圖之機器，連上Modbus RTU繼電器模組(曹永忠, 2017)，這個模組是濟南因諾科技(網址: https://smart-control.world.taobao.com/?spm=a312a.7700824.0.0.54f17147QC34S8)生產的產品(網址: https://item.taobao.com/item.htm?spm=a312a.7700824.w4002-1053557900.28.4ac917c6IhIJFP&id=43628327826)，其規格如下：

- 供電電壓預設 9-24VDC。
- 4 路繼電器接點相互獨立,每路繼電器接點容量為 250VAC/10A,30VDC/10A,並以光耦元件進行電氣隔離。
- 使用 RS.485 串列埠雙線控制,通訊距離實測大於 1000 米以上。
- 支持工業上 Modbus RTU 和自定義協議,預設為 Modbus RTU 協議。
- 內建 8 位撥碼開關(Dip 8 Switch),可支援 256 個地址切換控制。
- 採用工業級單晶片處理機,可穩定長時間使用。
- 通訊速度:9600bps。
- 尺寸:115*90*40mm(長*寬*高)
-

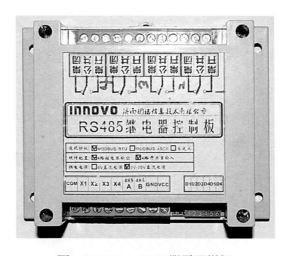

圖 128 Modbus RTU 繼電器模組

接上來我們使用 AC 110V 插頭與電線,連上 AC 110V LED 燈泡座,再將電源與 LED 燈泡之中一條連線斷開,轉成兩的端點,把這兩個端點接在 Modbus RTU 繼電器模組的第一組繼電器的 COM 與 NO 接點,如下圖所是,完成控制 LED 燈泡開啟與關閉的控制電路。

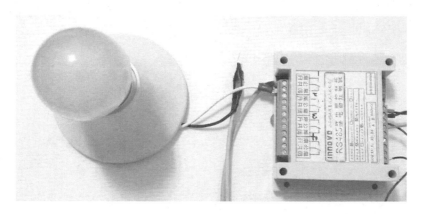

圖 129 繼電器控制 LED 燈泡開啟與關閉的控制電路

接下來把我們將網路串口透傳模組（INNO-S2ETH-1）、Modbus RTU 繼電器模組、AC 110V 插頭與電線、LED 燈泡等整合成下列電路：

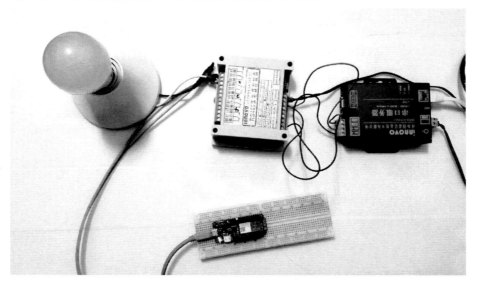

圖 130 實體接線控制電路

系統架構

本章節要將上面所有元件，進行系統整合，並建立一個完整的系統架構，如下圖所示，首先把網路串口透傳模組（INNO-S2ETH-1）與 Modbus RTU 繼電器模組，透過 RS-485 通訊，使用 Modbus 來操控 Modbus RTU 繼電器模組的四組繼電器之開始與關閉，就可以控制 AC 110V/AC220V 的電流供應。

如下圖所示，網路串口透傳模組（INNO-S2ETH-1）透過乙太網路，透過路由器連上網際網路，並且網路串口透傳模組（INNO-S2ETH-1）成為一個伺服器狀態，等候網路上其他用戶端連接後，透過 RS-485 的 Modbus 命令來控制 Modbus RTU 繼電器模組驅動繼電器，控制插頭與電線、LED 燈泡的開始與關閉，進而達到控制電力開啟與閉合的功能。

由於網路串口透傳模組（INNO-S2ETH-1）並非輕易可以讓一般使用者連接或傳送命令 Modbus 命令，所以筆者加上 Arduino MKR1000 開發板，透過 Modbus 命令到該開發板使用網路 winsock，連到網路串口透傳模組（INNO-S2ETH-1）伺服器，傳送 Modbus 命令到 Modbus RTU 繼電器模組，來控制驅動繼電器狀態，並且建立一個微型網站，將控制方法使用網頁方式的介面來呈現，如下圖所示，使用者端可以使用任何資訊裝置，連上網路後，開啟該網址網站，在網頁上操控，點選就可以達到控制電力開啟與閉合的功能。

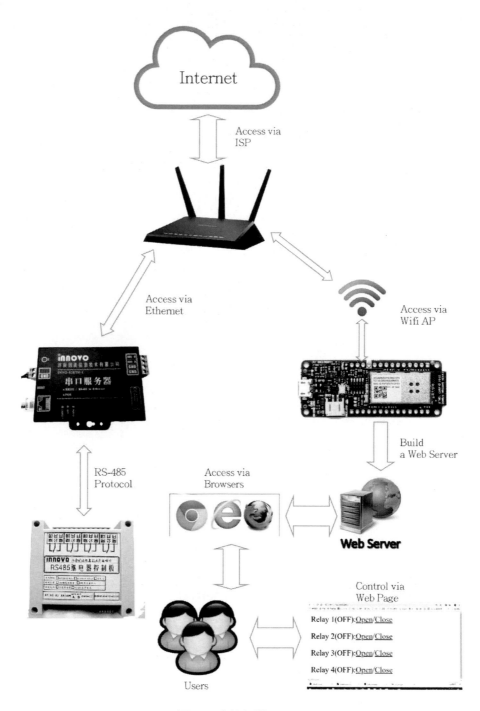

圖 131 系統架構

使用 TCP/I 控制繼電器

我們將 Arduno 開發板的驅動程式安裝好之後，我們打開 Arduino 開發板的開發工具：Sketch IDE 整合開發軟體（軟體下載請到：https://www.arduino.cc/en/Main/Software），我們寫出一個使用ＷＩＦＩ的ＡＣＣＥＳＳ　ＰＯＩＮＴ（ＡＰ　Ｍｏｄｅ）模式，使用 TCP/IP 傳輸，來控制 RS-485 網路閘道器的繼電器之控制程式。

表 23 控制 RS-485 網路閘道器的繼電器之控制程式

控制 RS-485 網路閘道器的繼電器之控制程式 (Control_RS485_Gateway_MKR1000)

```
#include <SPI.h>
#include <WiFi101.h>

#include "arduino_secrets.h"
///////please enter your sensitive data in the Secret tab/arduino_secrets.h
char ssid[] = SECRET_SSID;            // your network SSID (name)
char pass[] = SECRET_PASS;        // your network password (use for WPA, or use as key for WEP)
int keyIndex = 0;                          // your network key Index number (needed only for WEP)
int status = WL_IDLE_STATUS;


uint8_t TurnOn[4][8] = {
                        {0x01,0x05,0x00,0x00,0xFF,0x00,0x8C,0x3A} ,
                        {0x01,0x05,0x00,0x01,0xFF,0x00,0xDD,0xFA} ,
                        {0x01,0x05,0x00,0x02,0xFF,0x00,0x2D,0xFA} ,
                        {0x01,0x05,0x00,0x03,0xFF,0x00,0x7C,0x3A} ,
                        } ;

uint8_t TurnOff[4][8] = {
                        {0x01,0x05,0x00,0x00,0x00,0x00,0xCD,0xCA} ,
```

```
                              {0x01,0x05,0x00,0x01,0x00,0x00,0x9C,0x0A} ,
                              {0x01,0x05,0x00,0x02,0x00,0x00,0x6C,0x0A} ,
                              {0x01,0x05,0x00,0x03,0x00,0x00,0x3D,0xCA}
                              } ;


boolean   RelayMode[4]= { false,false,false,false} ;
/*
Relay0 On:   01-05-00-00-FF-00-8C-3A
Relay0 Off: 01-05-00-00-00-00-CD-CA
Relay1 On:   01-05-00-01-FF-00-DD-FA
Relay1 Off: 01-05-00-01-00-00-9C-0A
Relay2 On:   01-05-00-02-FF-00-2D-FA
Relay2 Off: 01-05-00-02-00-00-6C-0A
Relay3 On:   01-05-00-03-FF-00-7C-3A
Relay3 Off: 01-05-00-03-00-00-3D-CA
 */
 String currentLine = "";                      // make a String to hold incoming data from
the client
//WiFiClient myclient;

IPAddress gatewayip = IPAddress(192, 168, 88, 152) ;
int gatewayport = 502 ;

void setup() {
   Serial.begin(9600);         // initialize serial communication
   Serial.println("RS485 Gateway Test Start .....") ;

   // check for the presence of the shield:
   if (WiFi.status() == WL_NO_SHIELD) {
      Serial.println("WiFi shield not present");
      while (true);          // don't continue
   }

   // attempt to connect to WiFi network:
   while ( status != WL_CONNECTED)
   {
      WiFi.config(IPAddress(192, 168, 88, 200)) ;
```

```
        Serial.print("Attempting to connect to Network named: ");
        Serial.println(ssid);                              // print the network name (SSID);

        // Connect to WPA/WPA2 network. Change this line if using open or WEP network:
        status = WiFi.begin(ssid, pass);
        // wait 10 seconds for connection:
        delay(4000);
    }
    printWiFiStatus();                                    // you're connected now, so print out
the status




}

void loop()
{

    if (Serial.available() > 0)
    {                                                      // if you get a client,
        CheckConnectString(Serial.read()) ;
    }    //end of    if (client)
    // bottome line of loop()
}    //end of loop()

void CheckConnectString(int cmdv)
{       int cmd = cmdv - 64 ;
        switch(cmd)
          {
                case 1:
                  RelayMode[0] = true ;
                  RelayControl(1,RelayMode[0]);
                   break ;
                case 2:
                    RelayMode[0] = false ;
                  RelayControl(1,RelayMode[0]);
                   break ;
```

```
              case 3:
                RelayMode[1] = true ;
                RelayControl(2,RelayMode[1]);
                  break ;
              case 4:
                  RelayMode[1] = false ;
                RelayControl(2,RelayMode[1]);
                  break ;
              case 5:
                RelayMode[2] = true ;
                RelayControl(3,RelayMode[2]);
                  break ;
              case 6:
                  RelayMode[2] = false ;
                RelayControl(3,RelayMode[2]);
                  break ;
              case 7:
                RelayMode[3] = true ;
                RelayControl(4,RelayMode[3]);
                  break ;
              case 8:
                  RelayMode[3] = false ;
                RelayControl(4,RelayMode[3]);
                  break ;              //-----------------
                  default:
                  break ;


          }
          //----------------
}
void RelayControl(int relaynnp, boolean   RM)
{

      if (RM)
      {
        Serial.print("Open ");
        Serial.print(relaynnp);
        Serial.print("\n");
```

```
                TurnOnRelay(relaynnp-1) ;
        }
        else
        {
            Serial.print("Close ");
            Serial.print(relaynnp);
            Serial.print("\n");

                TurnOffRelay(relaynnp-1) ;
        }



}
void TurnOnRelay(int relayno )
{
    WiFiClient myclient ;
  if (myclient.connect(gatewayip, gatewayport))
        {
                Serial.println("RS485 Gateway Access and Connected successful") ;
                myclient.write(&TurnOn[relayno][0],sizeof(TurnOn[relayno])) ;
            // myclient.write(0x0a) ;
                myclient.stop() ;

        }
        else
        {
                Serial.print("Connect to :") ;
                Serial.print(gatewayip) ;
                Serial.print("/ Port:") ;
                Serial.print(gatewayport) ;
                Serial.print(" Fail \n") ;
        }

}

void TurnOffRelay(int relayno)
```

```
{
    WiFiClient myclient ;
    if (myclient.connect(gatewayip, gatewayport))
        {
            Serial.println("RS485 Gateway Access and Connected successful") ;
            myclient.write(&TurnOff[relayno][0],sizeof(TurnOff[relayno])) ;
        //   myclient.write(0x0a) ;
            myclient.stop() ;


        }
        else
        {
            Serial.print("Connect to :") ;
            Serial.print(gatewayip) ;
            Serial.print("/ Port:") ;
            Serial.print(gatewayport) ;
            Serial.print(" Fail \n") ;
        }


}


void printWiFiStatus() {
    // print the SSID of the network you're attached to:
    Serial.print("SSID: ");
    Serial.println(WiFi.SSID());

    // print your WiFi shield's IP address:
    IPAddress ip = WiFi.localIP();
    Serial.print("IP Address: ");
    Serial.println(ip);

    // print the received signal strength:
    long rssi = WiFi.RSSI();
    Serial.print("signal strength (RSSI):");
    Serial.print(rssi);
    Serial.println(" dBm");
    // print where to go in a browser:
```

```
Serial.print("To see this page in action, open a browser to http://");
Serial.println(ip);
  }
```

程式碼：https://github.com/brucetsao/Industry4_Gateway

程式編譯完成後，上傳到 Arduino MKR1000 開發板之後，我們重置 Arduino MKR1000 開發板(必須要重置方能執行我們上傳的程式)。

如下圖所示，我們打開 Arduino 開發工具的監控視窗，可以看到 Arduino MKR1000 開發板已經連上熱點 IOT，並且取得 IP:192.168.88.200。

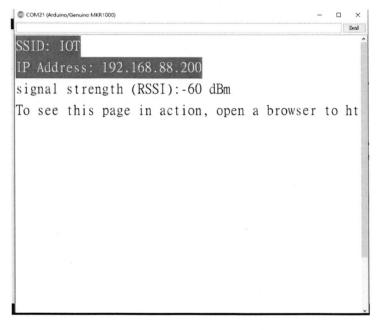

圖 132Arduino 開發工具的監控視窗

如下圖所示，我們輸入開啟第一個繼電器的指令:A，並按下『enter』按鍵。

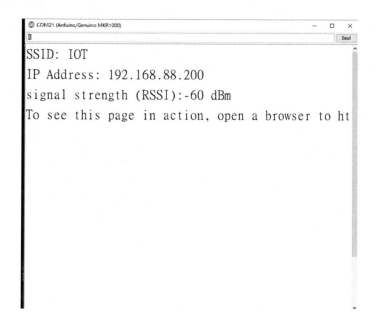

圖 133 TCP 輸入開啟第一個繼電器的指令

　　如下圖所示，我們輸入開啟第一個繼電器的指令:A，並按下『enter』按鍵後，我們可以看到 Arduino MKR1000 開發板已經傳送命令到網路串口透傳模組（INNO-S2ETH-1）產品，進而轉送命令到 Modbus RTU 繼電器模組，開啟第一組繼電器。

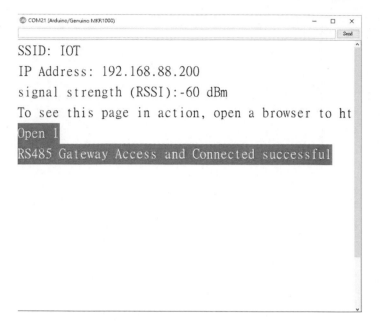

圖 134 TCP 開啟第一個繼電器

如下圖所示,我們可以看到連接第一組繼電器的燈泡已經開啟,亮了起來。

圖 135 開啟第一個繼電器的燈泡

如下圖所示,我們輸入關閉第一個繼電器的指令:B,並按下『enter』按鍵。

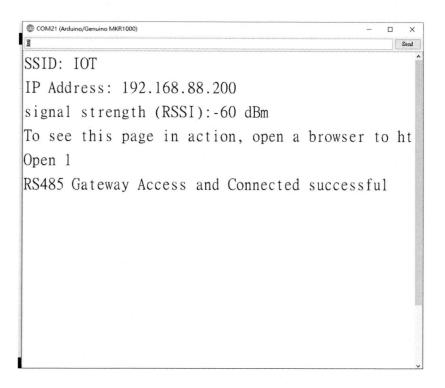

圖 136 TCP 輸入關閉第一個繼電器的指令

　　如下圖所示，我們輸入關閉第一個繼電器的指令:B，並按下『enter』按鍵後，我
們可以看到 Arduino MKR1000 開發板已經傳送命令到網路串口透傳模組（INNO-
S2ETH-1）產品，進而轉送命令到 Modbus RTU 繼電器模組，關閉第一組繼電器。

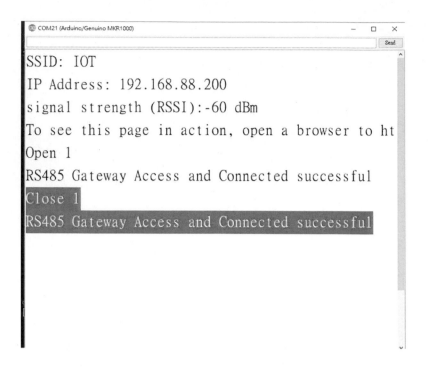

圖 137 TCP 關閉第一個繼電器

如下圖所示，我們可以看到已經開啟第一組繼電器的燈泡，便關閉開關，系滅了起來。

圖 138 關閉第一個繼電器的燈泡

使用 TCP/IP 建立網站控制繼電器

由上節所知，我們已經可以知道如何 Arduino MKR1000 開發板如何傳送命令到網路串口透傳模組（INNO-S2ETH-1）產品，進而轉送命令到 Modbus RTU 繼電器模組，開啟或關閉第一組繼電器，甚至開啟或關閉第一組到第四組的繼電器。

接下來我們要建立一個微型網站，將控制方法使用網頁方式的介面來呈現，如下圖所示，使用者端可以使用任何資訊裝置，連上網路後，開啟該網址網站，在網頁上操控，點選就可以達到控制電力開啟與閉合的功能。

我們將 Arduno 開發板的驅動程式安裝好之後，我們打開 Arduino 開發板的開發工具：Sketch IDE 整合開發軟體（軟體下載請到：https://www.arduino.cc/en/Main/Software)，我們寫出一個使用ＷＩＦＩ的連線模式，使用 TCP/IP 傳輸，建立一個網站，進而建立控制網頁，來控制 RS-485 網路閘道器控制程式。

表 24 運用網站模式控制 RS-485 網路閘道器控制程式

運用網站模式控制 RS-485 網路閘道器控制程式 (WifiServer_Control_RS485_Gateway_MKR1000)

#include <SPI.h>
#include <WiFi101.h>
 	
#include "arduino_secrets.h"
////////please enter your sensitive data in the Secret tab/arduino_secrets.h
char ssid[] = SECRET_SSID;   // your network SSID (name)
char pass[] = SECRET_PASS;   // your network password (use for WPA, or use as key for WEP)
int keyIndex = 0;   // your network key Index number (needed only for WEP)

```cpp
int status = WL_IDLE_STATUS;
WiFiServer server(80);
uint8_t TurnOn[4][8] = {
                        {0x01,0x05,0x00,0x00,0xFF,0x00,0x8C,0x3A} ,
                        {0x01,0x05,0x00,0x01,0xFF,0x00,0xDD,0xFA} ,
                        {0x01,0x05,0x00,0x02,0xFF,0x00,0x2D,0xFA} ,
                        {0x01,0x05,0x00,0x03,0xFF,0x00,0x7C,0x3A} ,
                        } ;

uint8_t TurnOff[4][8] = {
                        {0x01,0x05,0x00,0x00,0x00,0x00,0xCD,0xCA} ,
                        {0x01,0x05,0x00,0x01,0x00,0x00,0x9C,0x0A} ,
                        {0x01,0x05,0x00,0x02,0x00,0x00,0x6C,0x0A} ,
                        {0x01,0x05,0x00,0x03,0x00,0x00,0x3D,0xCA}
                        } ;


boolean    RelayMode[4]= { false,false,false,false} ;
/*
Relay0 On:    01-05-00-00-FF-00-8C-3A
Relay0 Off: 01-05-00-00-00-00-CD-CA
Relay1 On:    01-05-00-01-FF-00-DD-FA
Relay1 Off: 01-05-00-01-00-00-9C-0A
Relay2 On:    01-05-00-02-FF-00-2D-FA
Relay2 Off: 01-05-00-02-00-00-6C-0A
Relay3 On:    01-05-00-03-FF-00-7C-3A
Relay3 Off: 01-05-00-03-00-00-3D-CA
 */
  String currentLine = "";                    // make a String to hold incoming data from
the client
//WiFiClient myclient;

IPAddress gatewayip = IPAddress(192, 168, 88, 152) ;
int gatewayport = 502 ;

void setup() {
  Serial.begin(9600);          // initialize serial communication
```

```
    Serial.println("RS485 Gateway Test Start .....") ;

    // check for the presence of the shield:
    if (WiFi.status() == WL_NO_SHIELD) {
        Serial.println("WiFi shield not present");
        while (true);          // don't continue
    }

    // attempt to connect to WiFi network:
    while ( status != WL_CONNECTED)
    {
        WiFi.config(IPAddress(192, 168, 88, 200)) ;
        Serial.print("Attempting to connect to Network named: ");
        Serial.println(ssid);                       // print the network name (SSID);

        // Connect to WPA/WPA2 network. Change this line if using open or WEP network:
        status = WiFi.begin(ssid, pass);
        // wait 10 seconds for connection:
        delay(4000);
    }
    server.begin();                          // start the web server on port 80
    printWiFiStatus();                       // you're connected now, so print out
the status




}

void loop() {
    WiFiClient client = server.available();     // listen for incoming clients

    if (client)
    {                                           // if you get a client,
        Serial.println("new client");               // print a message out the serial port
        currentLine = "";                        // make a String to hold incoming data from the
client
        Serial.println("clear content");             // print a message out the serial port
```

```
while (client.connected())
{                    // loop while the client's connected
   if (client.available())
   {                    // if there's bytes to read from the client,
      char c = client.read();              // read a byte, then
      Serial.write(c);                        // print it out the serial monitor
//    Serial.print("@") ;
      if (c == '\n')
      {                              // if the byte is a newline character
         // Serial.print("~") ;
         // if the current line is blank, you got two newline characters in a row.
         // that's the end of the client HTTP request, so send a response:
         if (currentLine.length() == 0)
         {
            // HTTP headers always start with a response code (e.g. HTTP/1.1 200
OK)
            // and a content-type so the client knows what's coming, then a blank line:
            client.println("HTTP/1.1 200 OK");

            client.println("Content-type:text/html");
            client.println();

            client.print("<title>Ameba AP Mode Control Relay</title>");
            client.println();
                               client.print("<html>");
                               client.println();
//                             client.print("<body>");
//                             client.println();
//----------control code start--------------------
                               // the content of the HTTP response follows the header:
                               client.print("<p>Relay 1") ;
                               if (RelayMode[0])
                                  {
                                        client.print("(ON)") ;
                                  }
                                     else
                                  {
                                        client.print("(OFF)") ;
```

- 200 -

```
                    }
                    client.print(":") ;
                    client.print("<a href='/A'>Open</a>") ;
                    client.print("/") ;
                    client.print("<a href='/B'>Close</a>") ;
                    client.print("</p>");
                    client.print("<p>Relay 2") ;
                    if (RelayMode[1])
                        {
                                client.print("(ON)") ;
                        }
                          else
                        {
                                client.print("(OFF)") ;
                        }

                    client.print(":") ;
                    client.print("<a href='/C'>Open</a>") ;
                    client.print("/") ;
                    client.print("<a href='/D'>Close</a>") ;
                    client.print("</p>");
                    client.print("<p>Relay 3") ;
                    if (RelayMode[2])
                        {
                                client.print("(ON)") ;
                        }
                          else
                        {
                                client.print("(OFF)") ;
                        }

                    client.print(":") ;
                    client.print("<a href='/E'>Open</a>") ;
                    client.print("/") ;
                    client.print("<a href='/F'>Close</a>") ;
                    client.print("</p>");
                    client.print("<p>Relay 4") ;
```

```
                                    if (RelayMode[3])
                                        {
                                            client.print("(ON)") ;
                                        }
                                        else
                                        {
                                            client.print("(OFF)") ;
                                        }

                                    client.print(":") ;
                                    client.print("<a href='/G'>Open</a>") ;
                                    client.print("/") ;
                                    client.print("<a href='/H'>Close</a>") ;
                                    client.print("</p>");
//----------control code end
        //                          client.print("</body>");
          //                        client.println();
                                    client.print("</html>");
                                    client.println();


            // The HTTP response ends with another blank line:
            client.println();
            // break out of the while loop:
            break;
          }       // end of if (currentLine.length() == 0)
        else
        {       // if you got a newline, then clear currentLine:
            // here new line happen
            // so check string is GET Command
              CheckConnectString() ;
            currentLine = "";
              // Serial.println("get new line so empty String") ;
        }    // end of if (currentLine.length() == 0) (for else)
      }       // end of   if (c == '\n')
    else if (c != '\r')
    {   // if you got anything else but a carriage return character,
      currentLine += c;        // add it to the end of the currentLine
    }       // end of   if (c == '\n')
```

```
    // close the connection:


        }       // end of if (client.available())
            // inner while loop
        }           // end of while (client.connected())


        //    Serial.println("'while end'");

    client.stop();
    Serial.println("client disonnected");
    }      //end of     if (client)
  // bottome line of loop()
}     //end of loop()

void CheckConnectString()
{

            if (currentLine.startsWith("GET /A"))
            {
                    RelayMode[0] = true ;
                    RelayControl(1,RelayMode[0]);
            }
            if (currentLine.startsWith("GET /B"))
            {
                    RelayMode[0] = false ;
                    RelayControl(1,RelayMode[0]);
            }
            //----------------
            if (currentLine.startsWith("GET /C"))
            {
                    RelayMode[1] = true ;
                    RelayControl(2,RelayMode[1]);
            }
            if (currentLine.startsWith("GET /D"))
            {
                    RelayMode[1] = false ;
                    RelayControl(2,RelayMode[1]);
```

```
        }
        //----------------
        if (currentLine.startsWith("GET /E"))
        {
                RelayMode[2] = true ;
                RelayControl(3,RelayMode[2]);
        }
        if (currentLine.startsWith("GET /F"))
        {
                RelayMode[2] = false ;
                RelayControl(3,RelayMode[2]);
        }
        //----------------
        if (currentLine.startsWith("GET /G"))
        {
                RelayMode[3] = true ;
                RelayControl(4,RelayMode[3]);
        }
        if (currentLine.startsWith("GET /H"))
        {
                RelayMode[3] = false ;
                RelayControl(4,RelayMode[3]);
        }
        //----------------
}
void RelayControl(int relaynnp, boolean  RM)
{

    if (RM)
    {
      Serial.print("Open ");
      Serial.print(relaynnp);
      Serial.print("\n");
        TurnOnRelay(relaynnp-1) ;
    }
    else
    {
      Serial.print("Close ");
```

```
            Serial.print(relaynnp);
            Serial.print("\n");

                TurnOffRelay(relaynnp-1) ;
        }



}
void TurnOnRelay(int relayno )
{
    WiFiClient myclient ;
    if (myclient.connect(gatewayip, gatewayport))
        {
                Serial.println("RS485 Gateway Access and Connected successful") ;
                myclient.write(&TurnOn[relayno][0],sizeof(TurnOn[relayno])) ;
            // myclient.write(0x0a) ;
                myclient.stop() ;


        }
        else
        {
                Serial.print("Connect to :") ;
                Serial.print(gatewayip) ;
                Serial.print("/ Port:") ;
                Serial.print(gatewayport) ;
                Serial.print(" Fail \n") ;
        }


}


void TurnOffRelay(int relayno)
{
        WiFiClient myclient ;
    if (myclient.connect(gatewayip, gatewayport))
            {
                Serial.println("RS485 Gateway Access and Connected successful") ;
```

```
                myclient.write(&TurnOff[relayno][0],sizeof(TurnOff[relayno])) ;
        //    myclient.write(0x0a) ;
                myclient.stop() ;


        }
        else
        {

                Serial.print("Connect to :") ;
                Serial.print(gatewayip) ;
                Serial.print("/ Port:") ;
                Serial.print(gatewayport) ;
                Serial.print(" Fail \n") ;

        }


}


void printWiFiStatus() {
    // print the SSID of the network you're attached to:
    Serial.print("SSID: ");
    Serial.println(WiFi.SSID());

    // print your WiFi shield's IP address:
    IPAddress ip = WiFi.localIP();
    Serial.print("IP Address: ");
    Serial.println(ip);

    // print the received signal strength:
    long rssi = WiFi.RSSI();
    Serial.print("signal strength (RSSI):");
    Serial.print(rssi);
    Serial.println(" dBm");
    // print where to go in a browser:
    Serial.print("To see this page in action, open a browser to http://");
    Serial.println(ip);
    }
```

程式碼：https://github.com/brucetsao/Industry4_Gateway

4

如下圖所示，我們打開 Arduino 開發工具的監控視窗，可以看到 Arduino MKR1000 開發板已經連上熱點 IOT，並且取得 IP:192.168.88.200。

圖 139 查詢網頁伺服器網址

如下圖所示，請讀者啟動瀏覽器(本文為 Chrome 瀏覽器)，然後在網址列輸入上圖所示之 Arduino MKR1000 開發板建立伺服器的網址：『192.168.88.200』，進入網址畫面。

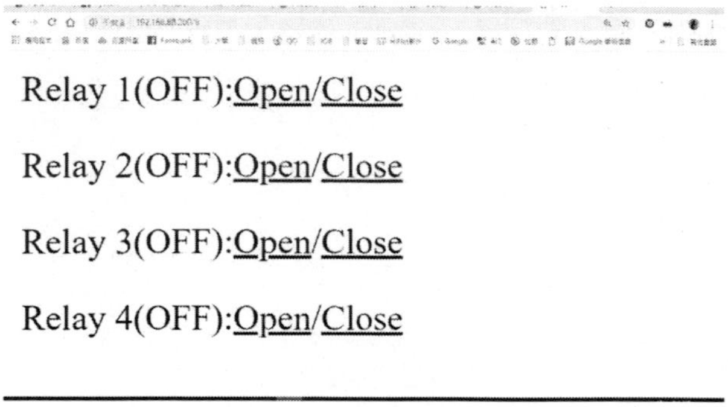

Relay 1(OFF):Open/Close

Relay 2(OFF):Open/Close

Relay 3(OFF):Open/Close

Relay 4(OFF):Open/Close

圖 140 控制 RS-485 閘道器之網頁畫面

如下圖所示，我們可以看到 Arduino MKR1000 開發板已建立網站：『192.168.88.200』，此時我們可以點選網頁，來控制四個繼電器關起與關閉。

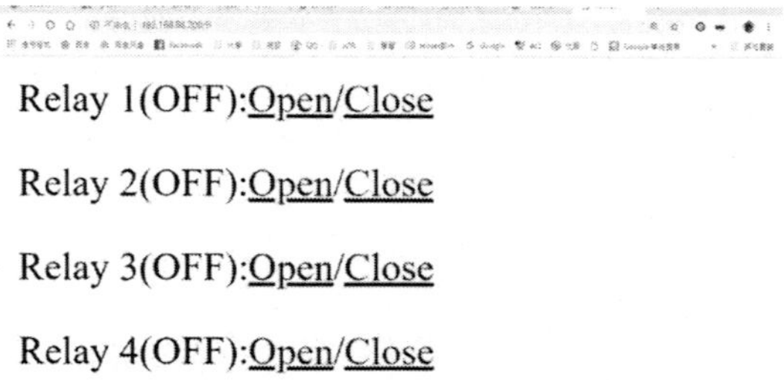

Relay 1(OFF):Open/Close

Relay 2(OFF):Open/Close

Relay 3(OFF):Open/Close

Relay 4(OFF):Open/Close

(a).主畫面

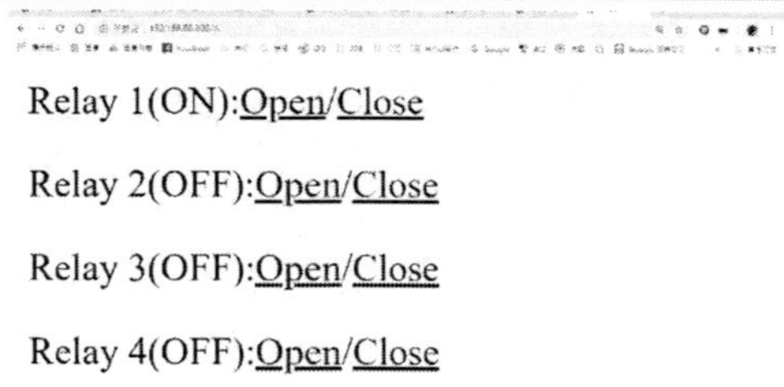

Relay 1(ON):Open/Close	Relay 1(OFF):Open/Close
Relay 2(OFF):Open/Close	Relay 2(ON):Open/Close
Relay 3(OFF):Open/Close	Relay 3(OFF):Open/Close
Relay 4(OFF):Open/Close	Relay 4(OFF):Open/Close
(b).開啟第一組繼電器	(c). 開啟第二組繼電器

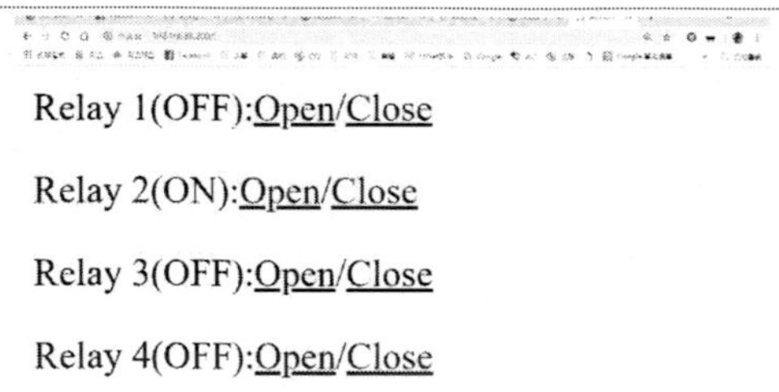

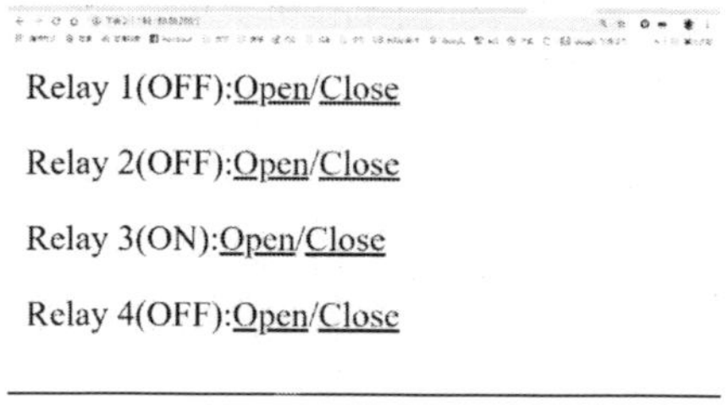

Relay 1(OFF):Open/Close
Relay 2(OFF):Open/Close
Relay 3(ON):Open/Close
Relay 4(OFF):Open/Close

(d). 開啟第三組繼電器

Relay 1(OFF):Open/Close
Relay 2(OFF):Open/Close
Relay 3(OFF):Open/Close
Relay 4(ON):Open/Close

(e). 開啟第四組繼電器

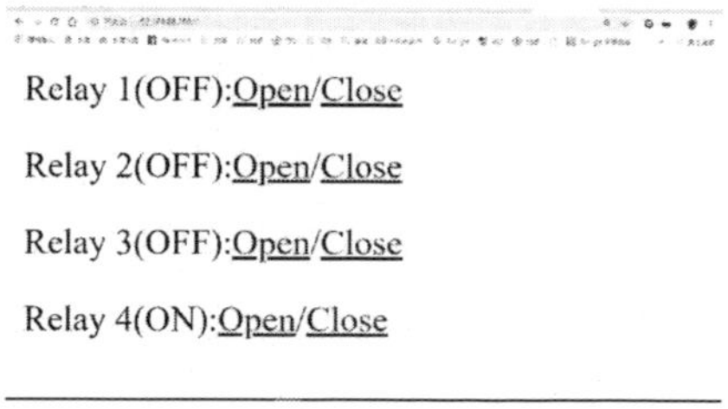

圖 141 透過網頁控制網路串口透傳模組測試程式結果畫面

如下圖所示，我們先測試 Modbus RTU 繼電器模組之第一組繼電器，我們點選下圖.(a)，Relay 1 的 ***Open*** 超連結，我們可以看到下圖.(b)所示，已經可以完整開啟繼電器，且三用電表也顯示通路。

Relay 1(ON):Open/Close
Relay 2(OFF):Open/Close
Relay 3(OFF):Open/Close
Relay 4(OFF):Open/Close

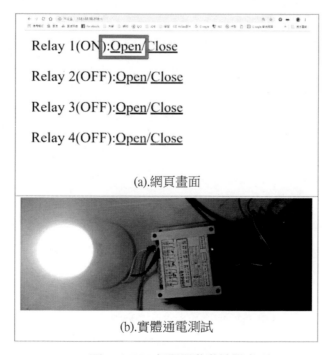

(a).網頁畫面

(b).實體通電測試

圖 142 TCP 伺服器啟動結果畫面

接下來我們測試是否可以關閉繼電器,如下圖所示,我們測試 Modbus RTU 繼電器模組之第一組繼電器,我們點選下圖.(a),Relay 1 的 ***Close*** 超連結,我們可以看到下圖.(b)所示,已經可以關閉繼電器,且三用電表也顯示斷路。

(a).網頁畫面

(b).實體通電測試

圖 143 透過 TCP 命令改變燈泡

章節小結

本章主要介紹使用 Arduino MKR1000 透過網路,建立一個網頁伺服器,透過 TCP/IP 通訊協定連結網路串口透傳模組(INNO-S2ETH-1),再透過該機器:網路串口透傳模組(INNO-S2ETH-1)使用 RS-485 通訊協定,連結 Modbus RTU 繼電器模組,進行驅動 Modbus RTU 繼電器模組的繼電器,來控制電力開啟與關閉。相信讀

者閱讀後，將對網路串口透傳模組（INNO-S2ETH-1）與通訊方法與系統整合，有更

深入的了解與體認。

本書總結

　　筆者對於自動控制相關的書籍，也出版許多書籍，感謝許多有心的讀者提供筆者許多寶貴的意見與建議，筆者群不勝感激，許多讀者希望筆者可以推出更多的教學書籍與產品開發專案書籍給更多想要進入『工業 4.0』、物聯網』這個未來大趨勢，所有才有這個系列的產生。

　　本系列叢書的特色是一步一步教導大家使用更基礎的東西，來累積各位的基礎能力，讓大家能更在自我學習中，可以拔的頭籌，所以本系列是一個永不結束的系列，只要更多的東西被製造出來，相信筆者會更衷心的希望與各位永遠在這條學習路上與大家同行。

作者介紹

曹永忠 (Yung-Chung Tsao)，國立中央大學資訊管理學系博士，目前在國立暨南國際大學電機工程學系與靜宜大學資訊工程學系兼任助理教授與自由作家，專注於軟體工程、軟體開發與設計、物件導向程式設計、物聯網系統開發、Arduino開發、嵌入式系統開發。長期投入資訊系統設計與開發、企業應用系統開發、軟體工程、物聯網系統開發、軟硬體技術整合等領域，並持續發表作品及相關專業著作。

Email:prgbruce@gmail.com

Line ID：dr.brucetsao

WeChat：dr_brucetsao

作者網站：https://www.cs.pu.edu.tw/~yctsao/

臉書社群(Arduino.Taiwan)：

https://www.facebook.com/groups/Arduino.Taiwan/

Github 網站：https://github.com/brucetsao/

原始碼網址：https://github.com/brucetsao/Industry4_Gateway

Youtube：

https://www.youtube.com/channel/UCcYG2yY_u0m1aotcA4hrRgQ

許智誠 (Chih-Cheng Hsu)，美國加州大學洛杉磯分校(UCLA) 資訊工程系博士，曾任職於美國 IBM 等軟體公司多年，現任教於中央大學資訊管理學系專任副教授，主要研究為軟體工程、設計流程與自動化、數位教學、雲端裝置、多層式網頁系統、系統整合、金融資料探勘、Python 建置(金融)資料探勘系統。

Email: khsu@mgt.ncu.edu.tw

作者網頁：http://www.mgt.ncu.edu.tw/~khsu/

蔡英德 (Yin-Te Tsai)，國立清華大學資訊科學系博士，目前是靜宜大學資訊傳播工程學系教授、靜宜大學計算機及通訊中心主任，主要研究為演算法設計與分析、生物資訊、軟體開發、視障輔具設計與開發。

Email:yttsai@pu.edu.tw

作者網頁：http://www.csce.pu.edu.tw/people/bio.php?PID=6#personal_writing

參考文獻

曹永忠. (2017). 工業 4.0 實戰-透過網頁控制繼電器開啟家電. *Circuit Cellar 嵌入式科技*(國際中文版 NO.7), 72-83.

曹永忠, 許智誠, & 蔡英德. (2014a). *Arduino EM-RFID 门禁管制机设计:Using Arduino to Develop an Entry Access Control Device with EM-RFID Tags.* 台灣、彰化: 渥瑪數位有限公司.

曹永忠, 許智誠, & 蔡英德. (2014b). *Arduino EM-RFID 門禁管制機設計:The Design of an Entry Access Control Device based on EM-RFID Card* (初版 ed.). 台灣、彰化: 渥瑪數位有限公司.

曹永忠, 許智誠, & 蔡英德. (2014c). *Arduino RFID 门禁管制机设计: Using Arduino to Develop an Entry Access Control Device with RFID Tags.* 台灣、彰化: 渥瑪數位有限公司.

曹永忠, 許智誠, & 蔡英德. (2014d). *Arduino RFID 門禁管制機設計: The Design of an Entry Access Control Device based on RFID Technology* (初版 ed.). 台灣、彰化: 渥瑪數位有限公司.

維基百科-繼電器. (2013). 繼電器. Retrieved from https://zh.wikipedia.org/wiki/%E7%BB%A7%E7%94%B5%E5%99%A8

工業基本控制程式設計
（網路轉串列埠篇）

An Introduction to Modbus TCP to RS485 Gateway to Control the Relay Device based on Internet of Thing (Industry 4.0 Series)

作　　者：曹永忠、許智誠、蔡英德

發 行 人：黃振庭

出 版 者：崧燁文化事業有限公司

發 行 者：崧燁文化事業有限公司

E-mail：sonbookservice@gmail.com

粉 絲 頁：https://www.facebook.com/
　　　　　sonbookss/

網　　址：https://sonbook.net/

地　　址：台北市中正區重慶南路一段六十一號八
　　　　　樓 815 室

Rm. 815, 8F., No.61, Sec. 1, Chongqing S. Rd.,
Zhongzheng Dist., Taipei City 100, Taiwan

電　　話：(02) 2370-3310

傳　　真：(02) 2388-1990

印　　刷：京峯彩色印刷有限公司（京峰數位）

律師顧問：廣華律師事務所 張珮琦律師

國家圖書館出版品預行編目資料

工業基本控制程式設計 . 網路轉串列埠篇 = An introduction to modbus TCP to RS485 gateway to control the relay device based on internet of thing(industry 4.0 series) / 曹永忠，許智誠，蔡英德著 . -- 第一版 . -- 臺北市：崧燁文化事業有限公司, 2022.03

面；　公分

POD 版

ISBN 978-626-332-091-8(平裝)

1.CST: 自動控制 2.CST: 電腦程式設計

448.9029　　　111001409

定　　價：340 元

發行日期：2022 年 03 月第一版

◎本書以 POD 印製

官網

臉書